できる®

チャットジーピーティー

ChatGPT

GPT3.5 対応

清水理史 & できるシリーズ編集部　監修：越塚 登

インプレス

ご購入・ご利用の前に必ずお読みください

本書は、2023年6月現在の情報をもとに「ChatGPT」の操作方法について解説しています。本書の発行後に「ChatGPT」の機能や操作方法、画面などが変更された場合、本書の掲載内容通りに操作できなくなる可能性があります。本書発行後の情報については、弊社のWebページ（https://book.impress.co.jp/）などで可能な限りお知らせいたしますが、すべての情報の即時掲載ならびに、確実な解決をお約束することはできかねます。また本書の運用により生じる、直接的、または間接的な損害について、著者ならびに弊社では一切の責任を負いかねます。あらかじめご理解、ご了承ください。
本書で紹介している内容のご質問につきましては、巻末をご参照のうえ、メールまたは封書にてお問い合わせください。ただし、本書の発行後に発生した利用手順やサービスの変更に関しては、お答えしかねる場合があります。また、本書の奥付に記載されている初版発行日から3年が経過した場合、もしくは解説する製品やサービスの提供会社がサポートを終了した場合にも、ご質問にお答えしかねる場合があります。あらかじめご了承ください。

動画について

操作を確認できる動画をYouTube動画で参照できます。画面の動きがそのまま見られるので、より理解が深まります。QRが読めるスマートフォンなどからはレッスンタイトル横にあるQRを読むことで直接動画を見ることができます。パソコンなどQRが読めない場合は、以下の動画一覧ページからご覧ください。

▼動画一覧ページ
https://dekiru.net/cgpt

無料電子版について

本書の購入特典として、気軽に持ち歩ける電子書籍版（PDF）を以下の書籍情報ページからダウンロードできます。PDF閲覧ソフトを使えば、キーワードから知りたい情報をすぐに探せます。

▼書籍情報ページ
https://book.impress.co.jp/books/1123101024

●本書の内容

本書のChatGPTによる回答テキストはOpenAI の大規模言語生成モデルであるGPT-3.5を使用して生成しました。

●用語の使い方

本文中では、「OpenAI」の「ChatGPT 3.5」のことを「ChatGPT」、「Microsoft Office」のことを「Office」、「Microsoft Word 2021」および「Microsoft 365」の「Word」のことを「Word」、「Microsoft Excel 2021」および「Microsoft 365」の「Excel」のことを「Excel」、「Microsoft PowerPoint 2021」および「Microsoft 365」の「PowerPoint」のことを「PowerPoint」、「Microsoft Windows 11」のことを「Windows 11」または「Windows」と記述しています。また、本文中で使用している用語は、基本的に実際の画面に表示される名称に則っています。

●本書の前提

本書では、「Windows 11」に「Google Chrome」がインストールされているパソコンで、インターネットに常時接続されている環境を前提に画面を再現しています。

まえがき

ChatGPTの登場で、世の中に4度目のAIブームが到来しようとしています。今までのブームでは、人間には遠く及ばないAIの能力の限界が明らかになるにしたがって盛り上がりが落ち着いていきましたが、今度はどうやら状況が異なるようです。大企業で実際に業務に活用され始めたり、政府でも活用を積極的に推進したりするなど、手探りながら、AIを中心とした新しい産業構造や社会構造への取り組みが始まり、その存在や利用の可否などの賛否両論も活発に交わされています。

本書は、このように日に日に存在感を増してきている「対話型AI」、とりわけその中心として世界中で利用が進んでいるOpenAIの「ChatGPT」について解説した書籍です。そもそもAIとは何なのか？　どうしてChatGPTはスゴイのか？　といった素朴な疑問から、実際にChatGPTを使って何ができるのかを解説した書籍です。内部的なしくみや具体的な質問方法を、なるべくやさしく、実例を交えながら紹介することで、誰でもChatGPTを生活や仕事に活用できるようになることを目指しています。

本書を手に取っている方の中には、「思ったよりウソが多い……」「便利とは思えなかった……」とChatGPTに失望している人もいるかもしれません。もちろん、ChatGPTにはいくつかの課題があるのは事実です。しかし、もしかすると、それはChatGPTをうまく使いこなせていないからかもしれません。本書では、こうした中級以上の人に向けて、プロンプトエンジニアリングと呼ばれる質問テクニックなども解説することで、ChatGPTの奥深さも紹介することにしました。

ChatGPTに代表される対話型AIは、今まで世の中になかった新しいツールであり、現在の社会構造や価値観を一変させる可能性さえある存在です。読者のみなさんにとって、本書がこの新しいツールを使いこなすための一助になれば幸いです。

2023年6月　清水理史

本書の読み方

レッスンタイトル

やりたいことや知りたいことが探せるタイトルが付いています。

サブタイトル

機能名やサービス名などで調べやすくなっています。

YouTube動画で見る

パソコンやスマートフォンなどで視聴できる無料の動画です。詳しくは2ページをご参照ください。

関連情報

レッスンの操作内容を補足する要素を種類ごとに色分けして掲載しています。

使いこなしのヒント

操作を進める上で役に立つヒントを掲載しています。

時短ワザ

手順を短縮できる操作方法を紹介しています。

スキルアップ

一歩進んだテクニックを紹介しています。

用語解説

レッスンで覚えておきたい用語を解説しています。

ここに注意

間違えがちな操作について注意点を紹介しています。

レッスン

09 ChatGPTのアカウントを作ろう

アカウント

基本編 第1章 対話型AIについて学ぼう

実際にChatGPTを使ってみましょう。まずは、事前の準備が必要です。ブラウザーを使ってChatGPTのWebページにアクセスし、アカウントを登録しましょう。メールアドレスさえあれば、誰でも無料で利用できます。

キーワード

ChatGPT Plus	P.150
SMS	P.151
アカウント	P.152

1 アカウントをサインアップする

Google Chromeを起動してChatGPTのURLを入力する

▼ChatGPTのWebページ
https://chat.openai.com/

1 ［Sign up］をクリック

アカウントの入力画面が表示された

2 Gmailのメールアドレスを入力

Create your account
Please note that phone verification is required for signup. Your number will only be used to verify your identity for security purposes.
Email address
Continue
Already have an account? Log in
OR
Continue with Google
Continue with Microsoft Account

3 ［Continue］をクリック

使いこなしのヒント

有料のChatGPT Plusもある

ChatGPTには、無料プランと有料プランの「ChatGPT Plus」があります。本書では、無料プランの使い方を解説します。有料プランのChatGPT Plusを利用すると、混雑時でも高速に回答が得られるうえ、最新の大規模言語モデルである「GPT-4」を利用できます。また、ChatGPT Plusでは、テキストだけでなく、画像などの入力にも対応する予定です。たとえば、グラフの図を入力してデータに関する意見を求めることなどができる予定です。このほか、Web検索を併用したり、他の事業者のサービスと連携したりする機能も実装される予定となっています。

使いこなしのヒント

GoogleアカウントやMicrosoftアカウントでも利用できる

Gmailなどで利用しているGoogleアカウントや、Windowsで利用しているMicrosoftアカウントがある場合は、手順1の下の画面で、該当するアカウントのリンクをクリックすることで、そのアカウントでChatGPTにサインアップできます。

30 できる

キーワード

レッスンで重要な用語の一覧です。巻末の用語集のページも掲載しています。

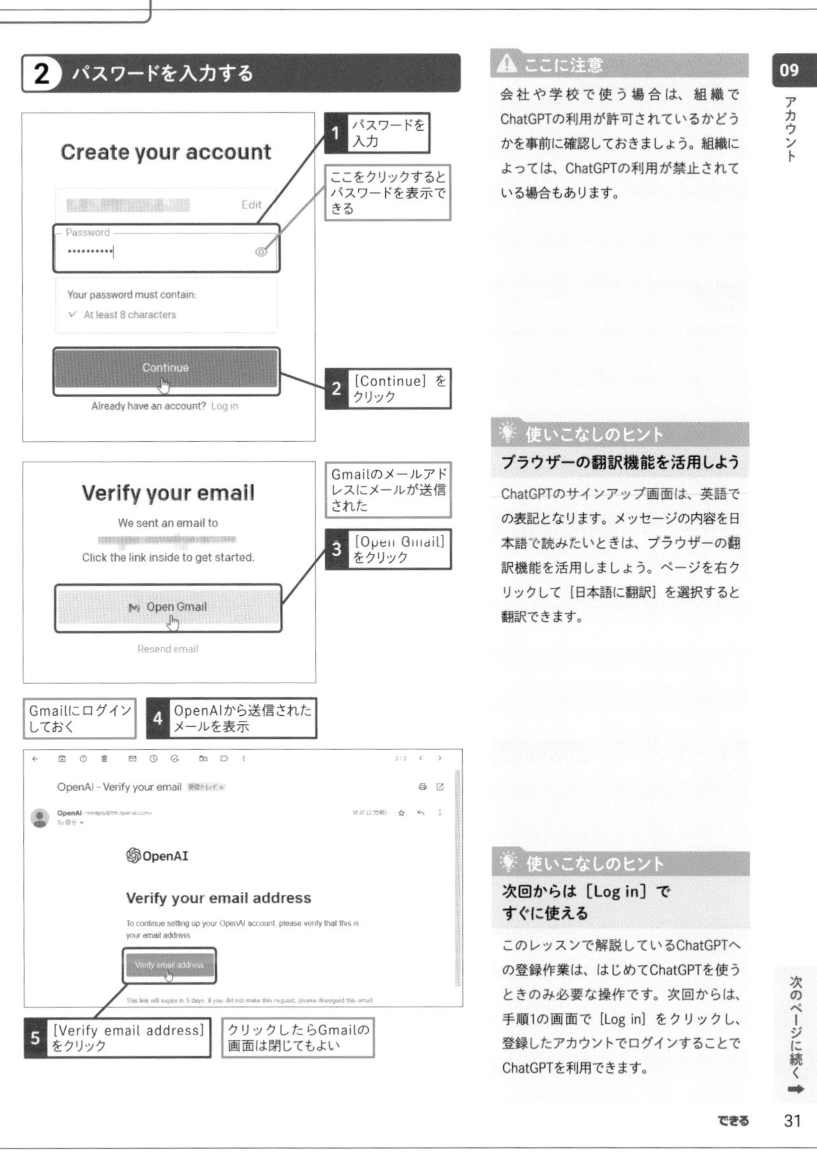

※ここに掲載している紙面はイメージです。
実際のレッスンページとは異なります。

操作手順

実際のパソコンの画面を撮影して、操作を丁寧に解説しています。

●手順見出し

1 アカウントをサインアップする

操作の内容ごとに見出しが付いています。目次で参照して探すことができます。

●操作説明

1 ［Sign Up］をクリック

実際の操作を1つずつ説明しています。番号順に操作することで、一通りの手順を体験できます。

●解説

Gmailにログインしておく

操作の前提や意味、操作結果について解説しています。

目次

本書の構成

本書はAIのしくみを1から学べる「基本編」、便利なコマンドをバリエーション豊かに揃えた「活用編」の2部で、ChatGPTの基礎から応用まで無理なく身に付くように構成されています。

基本編
第1章～第2章

AIの基礎知識から、機械学習、深層学習、トランスフォーマー、アテンションといったChatGPTを支える技術についてわかりやすく説明します。ChatGPTの強みや注意点についても紹介します。また、アカウントの作成や基本操作なども説明します。

活用編
第3章～第5章

ChatGPTへの基本的な質問から、役割を演じさせるシミュレーション、仕事に役立つ高度な操作などを紹介します。プロンプトエンジニアリングの基本知識と、回答の精度を高めていく方法も詳しく解説します。

用語集・索引

重要なキーワードを解説した用語集、知りたいことから調べられる索引などを収録。基本編、活用編と連動させることで、ChatGPTについての理解がさらに深まります。

登場人物紹介

ChatGPTを皆さんと一緒に学ぶ生徒と先生を紹介します。各章の冒頭にある「イントロダクション」、最後にある「この章のまとめ」で登場します。それぞれの章で学ぶ内容や、重要なポイントを説明していますので、ぜひご参照ください。

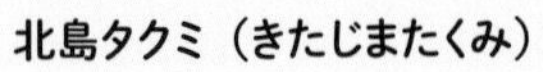

北島タクミ（きたじまたくみ）
元気が取り柄の若手社会人。うっかりミスが多いが、憎めない性格で周りの人がフォローしてくれる。好きな食べ物はカレーライス。

南マヤ（みなみまや）
タクミの同期。しっかり者で周囲の信頼も厚い。 タクミがミスをしたときは、おやつを条件にフォローする。好きなコーヒー豆はマンデリン。

ジーピーティー先生
ChatGPTの研究を深め、その素晴らしさを広めている先生。基本から活用まで幅広いChatGPTの疑問に答える。好きなAIサービスは天気予報。

基本編

第1章

対話型AIについて学ぼう

人と会話をするように、自然な言葉を入力するだけで、いろいろな質問や相談に答えてくれる「ChatGPT」が話題になっています。この章では、ChatGPTの元になっているAIとは何なのか？　AIの中でも「対話型AI」と呼ばれる技術がどのようなもので、どうしてChatGPTが「すごい」のかについて解説します。

レッスン 01

Introduction この章で学ぶこと

ChatGPTについて知ろう

「ChatGPT」とは、一体、何なのでしょうか？ 「かしこいAI」「会話ができるAI」という漠然としたイメージがあっても、具体的に何の役に立って、どうやって使えばいいのかがわからないという人も少なくないでしょう。まずは、「ChatGPT」の正体に迫ってみましょう。

使ってみたいけど、大丈夫かなあ

ChatGPT、話題になってるね。
どう、使ってみた？

セキュリティとか心配で……。
間違った答えも出るんでしょ？

ホウホウ、何かお困りのようですね。よろしい！ChatGPTについて、詳しく説明しましょう。

先生、よろしくお願いします！

ChatGPTは「対話型AI」

まずはChatGPTがどんなAIであるか、について知りましょう。AIの分類はいろいろあるけど、ChatGPTは人間と会話のようなやり取りができる「対話型AI」です。

おすすめの映画ある？

どんなジャンルがいいですか？

会話のようなやり取りができるAI

いろいろなことに活用できる

ChatGPTにできることは、非常に多岐にわたります。正確には、もともとAIが得意としていたことを、簡単に実行できるようになった、というべきですね。

こんなにいろいろなことができるんですね！

表現の修正	文法的な修正、内容の改善	従来と同じだが精度が高くなった
文章の要約	指定の文字数に要約	
相談	やり取りをしながらアイデアを探る	対話型の使いやすいインターフェースと、学習した膨大な情報量でかつてできなかったことが可能になった
調査	ある事柄について調査し、一覧表にする	
提案	検索されやすいキーワードをリストアップする、何かの役割を演じる、メールの文面を考える、SNSで人気になる内容を提案する	

活用できる範囲が広く、さまざまな用途に使える

使うには注意が必要

便利とはいえ、発展途上の技術だから使うには注意が必要。この章ではChatGPTを使う上で気をつけたいこともしっかり解説しますよ。

良かった、いろいろ気になってたんです！
注意を守って便利に使いたいです♪

著作権の問題など、使用上の注意がいくつかある

レッスン

02 ChatGPTとは

ChatGPTの特長

1 人間のようにやり取りできる対話型AI

ニュースやSNSなどで、よく耳にするようになった「ChatGPT」とは何なのでしょうか？　一口に説明すると、自然な会話ができるAIです。例えば、「ChatGPTの特徴を教えて」と聞くと、同じく自然な言葉でその特徴を教えてくれます。普段使っている言葉で対話しながらいろいろな用途に活用できるAIです。

WO　ChatGPTの特長を4つ紹介してください。

はい、以下にChatGPTの特長を4つ紹介します。

1. 自然な対話能力：ChatGPTは自然言語処理の最新技術を用いて訓練されており、人間のように自然な言葉で対話を行うことができます。
2. 大規模な知識ベース：ChatGPTは膨大な量の文章を学習しており、様々なトピックに関する幅広い知識を持っています。そのため、多岐にわたる質問にも対応することができます。

人間のように自然な会話ができる

2 大量に学習した情報を元に回答してくれる

ChatGPTは、さまざまな質問に答えることができます。インターネット上の情報や本から学んだ豊富な知識によって、知りたいことに答えてくれたり、あなたにアドバイスしてくれたり、物語などを作ったりと、多様なリクエストに応えてくれます。

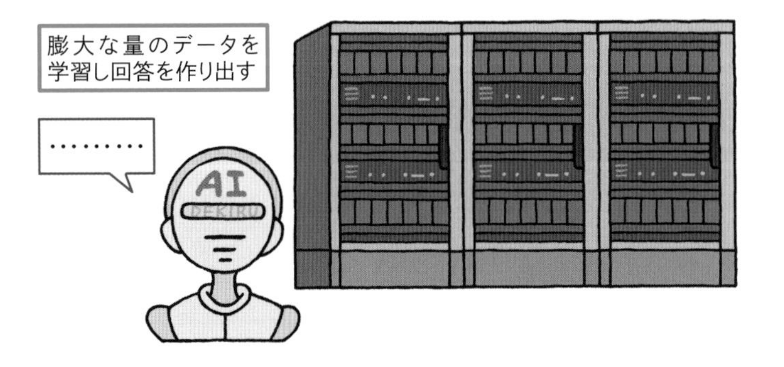

キーワード

使いこなしのヒント

今までのAIより格段に賢い

今までにも対話ができるAIや質問に回答してくれるAIはありましたが、ChatGPTは、それらよりも格段に自然な会話ができ、知識量が豊富なのが特徴です。映画や漫画で描かれてきた高度なAIに近い存在と言えるでしょう。

使いこなしのヒント

知能があるの?

ChatGPTに「知能」があるかどうかは議論の分かれるところです。ただし、人間と自然に会話できること、物語などを創作できることから、「知能」に限りなく近いことが人工的に実現できつつあると言っても過言ではありません。

3 無料のサービスとして使える

ChatGPTは、「OpenAI」という米国の企業によって提供されているサービスで、簡単な登録をするだけで、誰でも無料で利用できます。ブラウザーさえあればすぐに使えるので、手元のパソコンやスマートフォンから試してみましょう。

無料のWebサービスでおもにパソコンから利用する

4 社会に大きな影響を与えつつある

ChatGPTは、その賢さから、従来の産業構造や労働環境を大きく変えるほどのインパクトがあると見られています。すでに仕事に活用する企業も登場していますが、日本では政府主導で積極的に活用するための検討も行われています。その一方で、教育機関では課題やレポートでの利用が禁止されるなど慎重な姿勢も見られます。

利用方法については賛否両論に分かれている

使いこなしのヒント

ChatGPTの「GPT」って何?

「GPT」は、「Generative Pre-trained Transformer」の頭文字をとったものとなります。直訳すると「事前学習済みの生成系変換器」で、大量のデータであらかじめ学習された、(文章を)生成可能なAIモデルという意味になります。

使いこなしのヒント

人間の仕事が奪われる?

ChatGPTのような高度なAIの登場によって、人間の仕事が奪われるという懸念があるかもしれません。実際、ChatGPTは、時として、人間と同等以上のレベルで文章やプログラムのコードを出力することもできます。しかし、完全に置き換わるわけではありません。仕事の一部がAIに置き換わることで、働き方が変わると考えるのが妥当でしょう。

まとめ AI時代の新しい幕開け

ChatGPTは、自然な言葉を使って、人間と対等に話せる画期的なAIです。従来のAIのような機械的な違和感や間違いの回答が少なく、実用性が高いのが特徴です。こうしたAIを誰でも無料で使えるようになったことは、社会的に大きな意味を持ちます。インターネットやスマートフォンの登場などと匹敵するような劇的な社会的変化が生まれる可能性があるでしょう。

レッスン
03 ChatGPTでできることを知ろう

ChatGPTの用途

1 調べもののやり方が変わる

これまで何か調べものをするときは、検索サイトにキーワードを入力して、複数のWebページから情報を集めるのが一般的でした。これからは、ChatGPTが知りたいことに直接答えてくれます。自然な言葉で知りたいことを入力すると、その回答が直接表示されます。

神保町から渋谷までのルートを教えてください。

歩く距離が短いほうを教えてください。

歩く距離が短いルートは以下の通りです。

1. 神保町駅から都営新宿線に乗り、小川町駅で下車します。
2. 小川町駅からは徒歩約10分で、半蔵門線の永田町駅に到着します。
3. 永田町駅で半蔵門線に乗り換え、渋谷駅まで直通で行きます。

膨大な情報から自然な回答を生成してくれる

2 相談相手になってくれる

判断に迷ったり、何から始めるべきかわからなかったりすることに直面したら、とりあえずChatGPTに相談してみるといいでしょう。友人に相談するのと同じように、悩みを聞いて、その解決方法を提案してくれます。会話を重ねることで、自分の考えを客観的に整理し直すこともできます。

おすすめの映画ある?

どんなジャンルがいいですか?

人間のようにやり取りを重ねることができる

キーワード

使いこなしのヒント
苦手なこともある

ChatGPTは、保有する知識が限られているため、未来の予測をしたり、2021年10月以降の最新の出来事に回答したりすることができません。また、検索サイトのようにWebページを直接探して、候補をリストアップすることもできません（有料版のChatGPT PlusはWeb検索にも対応）。

使いこなしのヒント
正しいとは限らない

ChatGPTは、知っている知識を元に、入力された質問に対する回答を生成しているだけに過ぎません。このため、回答が本当に正しいとは限りませんし、自分の悩みを解決するのに役立つとも限りません。

3 先生になってもらう

ChatGPTは、こちらから指定することで、さまざまな役割になりきった回答をしてくれます。「英語の先生」「ITのサポート」「翻訳家」など、「あなたはこれから○○です」と入力することで、その役割を演じてくれます。ChatGPTの豊富な知識を言語学習や技術習得などにも役立ててみましょう。

英会話の先生といった役割を与えることができる

4 創作活動に役立てる

ChatGPTを創作活動に役立てるのもいいでしょう。登場人物やシーンを指定して小説を考えてもらったり、季語を指定して俳句を作ってもらったりと、言葉を使った創作活動のサポート役として活用することもできます。ただし、出力をそのまま使えるとは限らない点には注意が必要です。

絵画や小説、詩などの創作活動を行わせることができる

夏至夜風
光あふれる
天の川

使いこなしのヒント

著作権侵害に要注意

ChatGPTの回答は、インターネット上の情報や本など、学習したデータがもとになっています。このため、出力されたテキストが、既存の著作物と似てしまうことも珍しくありません。出力をそのまま使うと第三者の著作権を侵害してしまう可能性もあるので注意が必要です。ChatGPTを使う上での注意点はレッスン05で詳しく紹介します。

使いこなしのヒント

長文は扱えない

ChatGPTには文字数制限があるため、一定の文字数以上を入力したり、出力したりすることはできません。扱える文字数は正式には公表されていませんが、無料版の場合は2000文字前後と考えておくといいでしょう（2023年6月現在）。

まとめ 活用方法は無限大

ChatGPTには、決まった使い方はありません。人間が入力したことが、ChatGPTへの命令として判断されるので、リクエストに応じて、さまざまなふるまいが可能です。ここでは代表的な用途を紹介しましたが、リクエストの仕方次第では、さらにいろいろなことができます。その活用方法は無限大と言ってもいいでしょう。本書も第3章以降で、日常生活に活用できるさまざまな例を紹介しています。

レッスン

04 ChatGPTを含むAIの種類を知ろう

自然言語処理

1 そもそもAIって何？

私たちの身の回りには、スマートフォンの顔認識や車の自動運転など、すでにAIを使ったサービスがたくさんあります。今、話題の「ChatGPT」もこうしたAIの技術を応用したサービスのひとつです。AIは、「推論」「認識」「判断」など、人間と同じような処理の実現を目指した取り組みやシステムを表す言葉です。AIの中には、人間が情報を分析したり、情報を元に何かを判断したりできるのと同じように、知的な活動を実現できるコンピュータープログラムが多くあります。

● AIはさまざまなサービスに使われている

◆天気予報

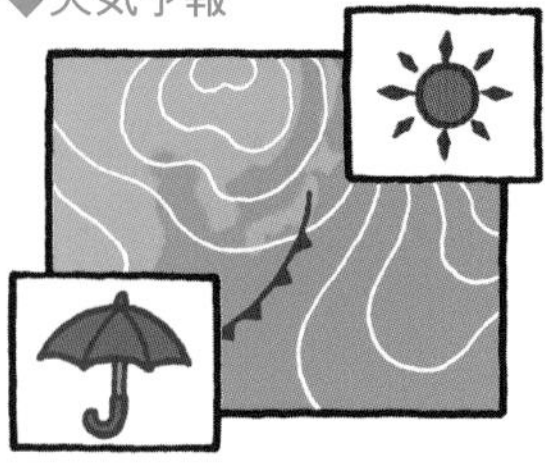

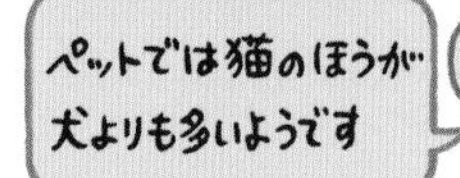

◆画像認識

私たちの生活には、すでにAIの技術が活かされている

◆自動運転車

キーワード

機械学習	P.153
深層学習	P.153
対話型AI	P.154

用語解説

AI

AIは、Artificial Intelligenceの頭文字をとったもので、直訳すると「人工の」「知能」となります。コンピューターは、プログラムの組み合わせによってさまざまな処理ができますが、普段、人間がしている「既知の情報に基づいた新しい思考」「対象の認識」「行動の元になる判断」などをプログラムによって実現できます。

使いこなしのヒント

現在は第3次AIブーム

AIの研究は1950年代から始まり、現在は第3次AIブームと言われています。その背景には、ビッグデータと呼ばれる大量のデータを扱えるようになったこと、人間の脳の働きを模した高度なしくみである深層学習（ディープラーニング）が登場したこと、高速な計算が可能なハードウェアが登場したことなどがあります。これにより、ChatGPTのような人間と見分けがつきにくい高度なAIが登場するようになりました。

2 AIにはどんな種類があるの？

初期のAIは、その判断基準や行動をすべて人間が与える必要がありました。これに対して、人間が一定の基準を与えるだけで大量のデータから自動的にパターンやルールを学習できるAIを「機械学習」と呼びます。さらに人間の脳を参考にしたしくみを導入することで、その判断基準（特徴量）さえもAI自らが発見できるようにしたものを「深層学習」と呼びます。

● AIの分類

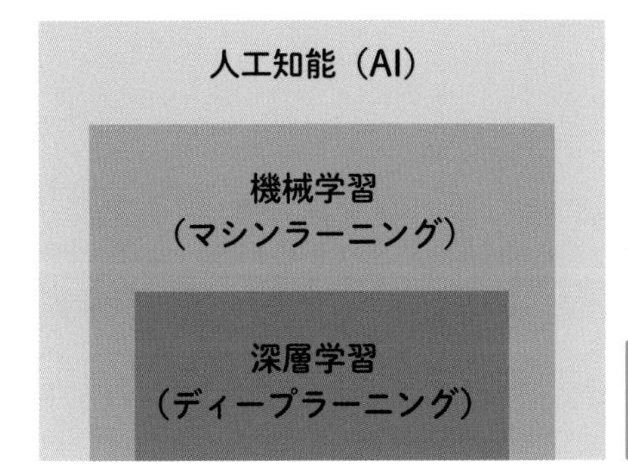

AIは学習や分析のしくみの違いによって左のように分類ができる

3 ChatGPTはどんなAI？

ChatGPTは、こうしたAIの中でも、私たちが普段会話に使っている「自然言語」を扱うことができるAIで、深層学習によって、近年、著しく発展した分野のサービスとなります。人と会話しながら高度な質問に答えることから「対話型AI」と呼ばれています。

● ChatGPTは自然言語を扱える対話型AI

日本では猫と犬はどちらのほうが多い？

ペットでは猫のほうが犬よりも多いようです

文章を分割して品詞を分析

単語の並びや構造を分析

単語の意味を分析

文脈を分析

使いこなしのヒント
学習方法による分類もある

AIの分類方法はさまざまなものがあります。例えば、機械学習では、判断基準となるデータを学習する必要がありますが、その学習方法にも以下の3種があります。

- **教師あり学習**…あらかじめ「猫」や「犬」のラベルが付けられた画像など、人間が分類済みのデータで学習する方法
- **教師なし学習**…インターネット上の文書など雑多なデータから自ら判断基準となる特徴量を発見する学習方法
- **強化学習**…ゲームの得点など一定の報酬を設定し、報酬が最大になるように自動的に学習する方法

使いこなしのヒント
「生成系AI」とも呼ばれる

ChatGPTのような文章で回答するAIや、画像やイラストを生成するAIは、「生成系AI（Generative AI）」とも呼ばれます。ChatGPTの「GPT」は「Generative Pre-Trained Transformer」ですが、「G」の部分が生成系であることを表しています。

まとめ 人間に欠かせない「言葉」を扱うAI

AIにはさまざまな種類がありますが、ChatGPTは、中でも人間の生活に欠かせない「言葉（自然言語）」を扱うことができるAIです。近年の深層学習の分野での大幅な発展により、人間と会話をしたり、質問に答えたりと、高度な対話ができるようになりました。

レッスン

05 AIのしくみを知ろう

深層学習

1 機械学習のしくみ

プログラムであるAIが自動的に何かを判断するというのは少し不思議に感じるかもしれません。AIのしくみを単純化すると「データの入力→処理（判断）→結果の出力」となります。例えば、画像が犬か猫かを判断する場合を考えてみましょう。あらかじめ大量の犬や猫の画像を学習しておき、そのルールやパターンから判断基準となるモデルを用意しておきます。判断したい画像が入力されると、学習済みのモデルのどこに画像が位置するかを判断し、そこから犬である確率と猫である確率を計算します。その後、最終的な判断結果を出力します。

● AIが判断する仕組み

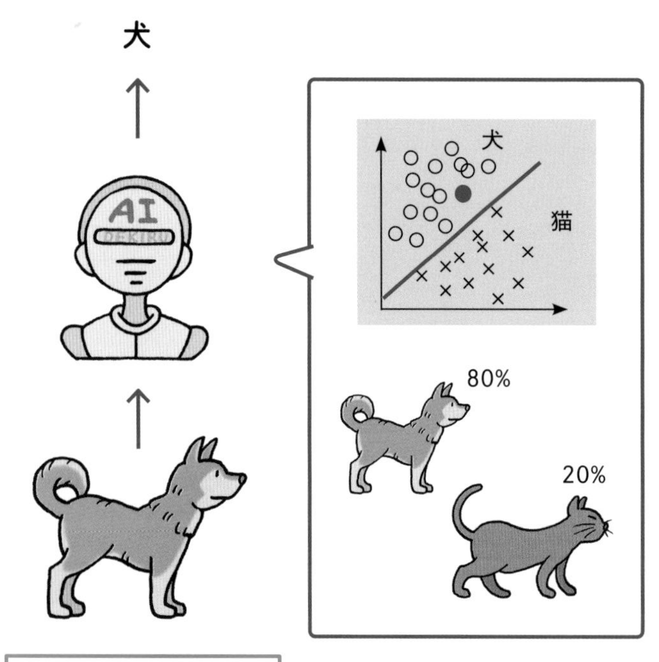

AIは大量のデータを学習し、それをもとに判断する

キーワード

深層学習	P.153
ニューラルネットワーク	P.154
ベクトル	P.155

使いこなしのヒント
データはベクトルで扱われる

機械学習では、データをベクトル（多次元の行列）として扱います。これにより、データに複数の情報を含めたり、位置や方向から類似性を判断したりすることができます。例えば、自然言語を処理する際に、同音異義語を扱えたり、似たような言葉を扱えたりします。

使いこなしのヒント
あらかじめ学習したモデルが使われる

AIは対象を判断する基準として、あらかじめ学習済みのモデルを利用します。ChatGPTの「GPT」は「Generative Pre-Trained Transformer」の略ですが、この「Pre-Trained」が、大量のデータを使って事前に学習済みのモデルという意味になります。

2 深層学習のしくみ

AIが大きく進歩したきっかけとなったのは深層学習の登場です。深層学習は、人間の脳を模したモデルを高度化した機械学習のしくみです。画像を判断する場合、従来は、「画像にこういう特徴があれば犬」というように、データを判断する基準を人間がある程度線引きする必要がありました。深層学習では、大量のデータを学習する過程で、AI自身が判断基準となる「特徴量」を自ら発見して学習します。例えば、何かを学習すると、その特徴によってネットワークのつながりの重みづけが変更されます。この重み付けの違いを活用して、入力されたものが何かを高い確率で判断できるようになります。

● 深層学習の仕組み

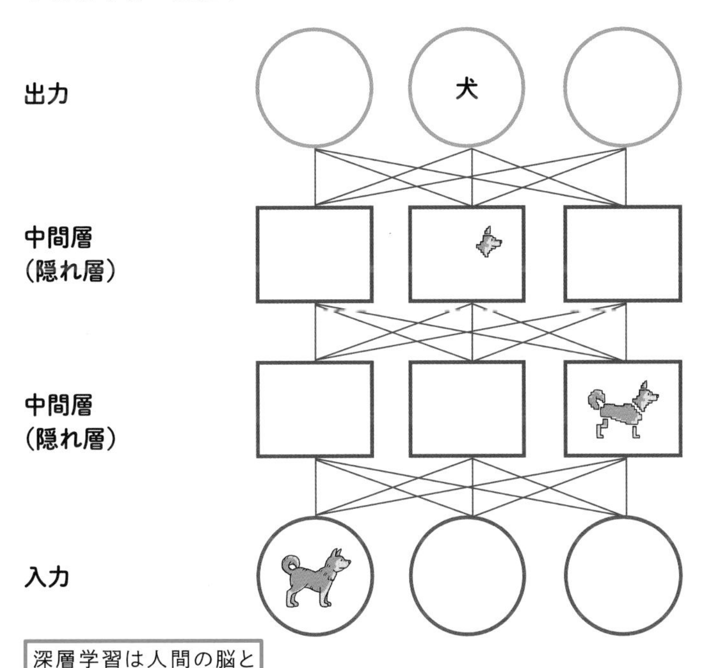

深層学習は人間の脳と同様に、データの特徴を探して内容を判断する

3 深い層を使って学習する

深層学習は、中間層としてたくさんの層を重ね合わせることで、複雑な処理ができるようになっています。このように深い層（Deep）を使って学習できることから「ディープラーニング」という名称が付いています。

使いこなしのヒント

ニューラルネットワーク

深層学習で使われる人間の脳を模したモデルは、ニューラルネットワークと呼ばれます。人間が何かを学習する際、脳の神経細胞に次々に信号が流れ、そのつながりが活性化されることをプログラム的に再現したモデルとなります。

まとめ　AIの発展を加速させた深層学習

深層学習の登場によって、AIはさまざまな高度な処理ができるようになりました。例として取り上げた画像の認識はもちろんのこと、イラストや写真の生成、将棋などのゲーム、車の自動運転など、もはやAIの世界では深層学習はなくてはならない存在となっています。

レッスン
06 ChatGPTの画期的な点とは

トランスフォーマー

1 機械翻訳の飛躍的な発展

ChatGPTのような自然言語処理分野のAIは、ここ数年で飛躍的に進化しました。その背景には、機械翻訳分野での革新があります。機械翻訳の分野で使われていた従来の方法では、単語を逐次、再帰的に処理するため、文章が長くなると遠い単語の成分が薄れて、翻訳時に考慮されにくくなるという欠点がありました。そこで登場したのが「アテンション（注意機構）」という考え方です。アテンションは、あらかじめ文章内の単語の相互関係を学習することで、文章の中のどの単語に注意すればいいかを判断します。これにより、遠い単語も考慮されるようになり、翻訳の精度が飛躍的に向上しました。

🔑 キーワード

● 従来の処理方法（再帰的な逐次処理）

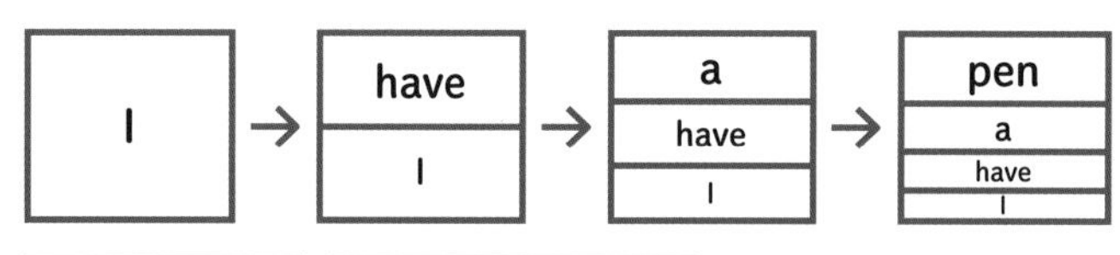

従来の方式では逐次処理が必要

処理が長くなると遠い情報が薄れていく

I have a pen. →私はペンを持っています。

● アテンションによる処理方法

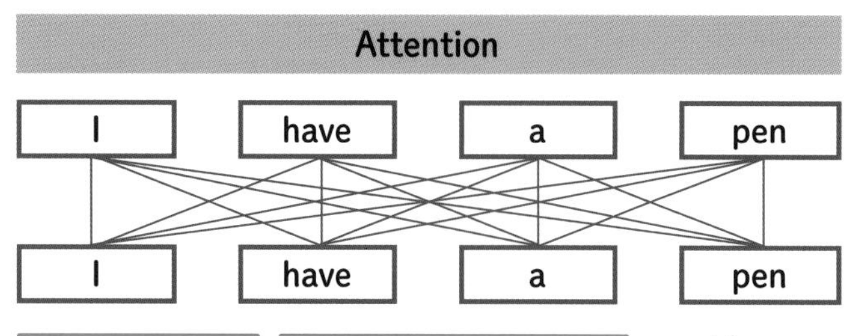

並列計算がしやすく、単語の距離に依存しない

入力文のどこが重要なのかを学習して次の単語の予測に役立てる

入力文のどこが重要なのかという情報（Attention）を翻訳に役立てる

I have a pen. →私はペンを持っています。

2 トランスフォーマーの登場

アテンションは、その後、研究が進み、あらゆる分野で重要な役割を果たせることがわかってきました。中でもChatGPTなどの自然言語処理の分野に革命をもたらしたのが、アテンションを活用した「トランスフォーマー」というモデルです。トランスフォーマーの登場によって、AIと人が会話をするような自然言語処理で、仮に文章や会話が長くなったとしても、その文脈を考慮した正確な応答ができるようになりました。また、トランスフォーマーは並列処理が可能なため、大量のデータを学習し、より正確な回答をすることも可能になりました。

● トランスフォーマーによる処理の進化

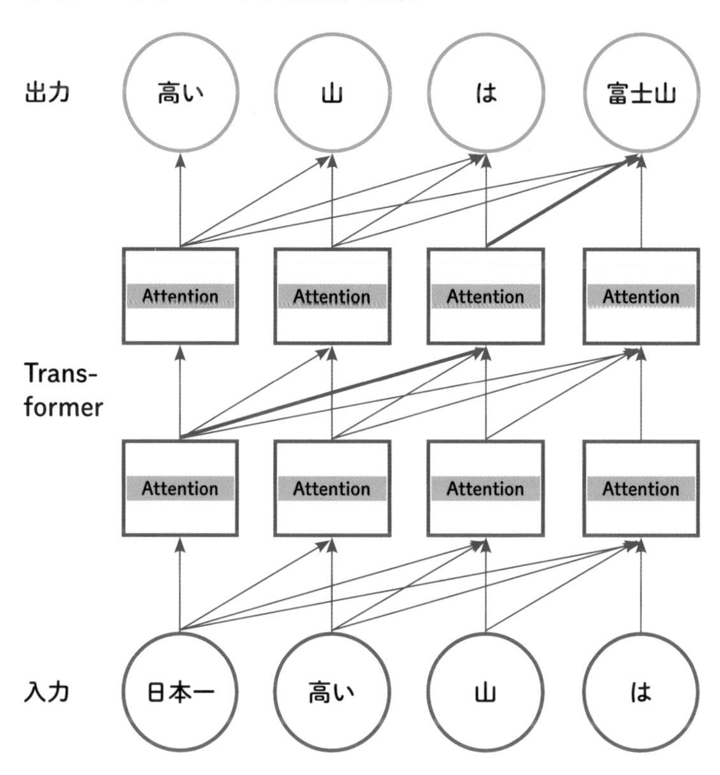

深層学習のしくみとしてアテンションを組み込んだ「トランスフォーマー」

使いこなしのヒント

「Attention Is All You Need」とは

自然言語処理の革新となったトランスフォーマーは、「Attention Is All You Need」という非常に有名な論文で発表されました。タイトル通り、アテンションの重要性を説明したもので、実際、この考え方が、現在の高度な対話型AIと、今後のAIの発展の礎になっています。

使いこなしのヒント

次の単語を予測しているだけ

ChatGPTのような対話型AIは、あたかも文章の内容を理解して回答しているかのように見えますが、しくみとしては「次の単語」を予測しているだけに過ぎません。例えば、ここで例として取り上げた「日本一高い山は」という問いに対して、アテンションによって「日本一」「高い」などの単語を考慮していますが、単純化すると「山は」に続く単語として「富士山」を予測しているだけになります。

まとめ 並列処理ができるのが大きな強み

トランスフォーマーの画期的な点は、レッスンでも触れたように文章の文脈を考慮できることに加え、「並列処理」が可能な点があります。これにより、インターネット上のWebなど、大量のデータを高速に学習することが可能になりました。ChatGPTなどのベースとなるGPT-3などのモデルは、「大規模言語モデル」と呼ばれますが、その規模の大きさを支えているのがトランスフォーマーによる並列処理となります。つまり、トランスフォーマーによって自然言語処理に「理解度」と「知識量」の飛躍的な向上がもたらされたことになります。

レッスン

07 ChatGPTの強みを知ろう

大規模言語モデル

1 より賢くいろいろな対応ができるように進化

ChatGPTが自然な会話や精度の高い回答ができる理由は、前述したトランスフォーマーだけではありません。以下のような工夫によって不適切な回答や公序良俗に反する回答をしないようにチューニングされています。

・人間が考えたQAのデータセットを使った**「教師あり学習」**
・回答の善し悪しを人間が評価する**「フィードバック」**
・評価を最大化するために自分自身で学習する**「強化学習」**

このような、さまざまなしくみや追加の学習によって、従来のAIより格段に精度が向上しただけでなく、人間が提供する情報が少なくても、そこから想像したり、アイデアを提案したりと、発展的な対応ができるようになったのがChatGPTの革新的な点と言えます。

キーワード

DALL・E	P.150
大規模言語モデル	P.154
フィードバック	P.155

使いこなしのヒント

ChatGPTとGPT-3/3.5/4の違い

ChatGPTはOpenAIが提供する対話型AIサービスの名称となります。これに対して、GPT-3/3.5/4は、ChatGPTのベースとして使われている大規模言語モデルとなります。GPT-3を改良し最新のモデルで学習したものがGPT-3.5でChatGPTのベースとして使われています。GPT-4は、さらにパラメーター数を増やしたモデルとなります（GPT-4の詳細は未公開）。

● ChatGPTでできること

多（模倣的）↕ 人間が提供する素材 ↕ 少（創造的）

表現の修正	文法的な修正、内容の改善	従来と同じだが精度が高くなった
文章の要約	指定の文字数に要約	
相談	やり取りをしながらアイデアを探る	対話型の使いやすいインターフェースと、学習した膨大な情報量でかつてできなかったことが可能になった
調査	ある事柄について調査し、一覧表にする	
提案	検索されやすいキーワードをリストアップする、何かの役割を演じる、メールの文面を考える、SNSで人気になる内容を提案する	

2 ChatGPT以外の大規模言語モデル

ChatGPTのような対話型AIには、さまざまなサービスがあります。Googleの「Bard」が有名ですが、ChatGPTと同じモデルを使ったマイクロソフトのBingチャット（GPT-4を採用）もあります。この分野は、進化が激しい分野のため、今後もさまざまなサービスが登場することでしょう。

● Bard（Google）

Googleが提供するサービスで、Googleアカウントを所有していれば使用できる

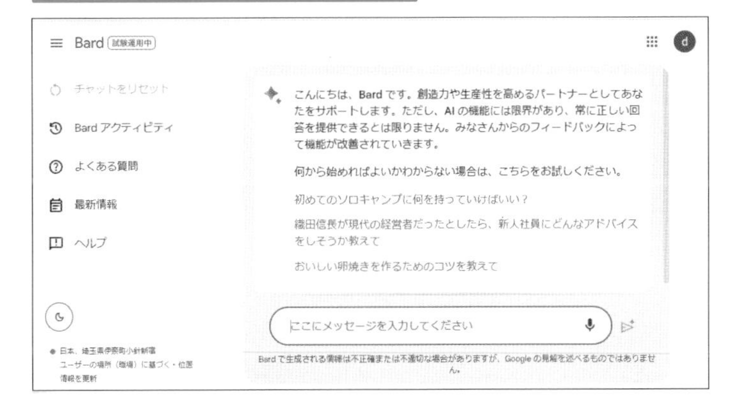

● Bing（マイクロソフト）

マイクロソフトが提供するサービスで、ChatGPT-4に対応する

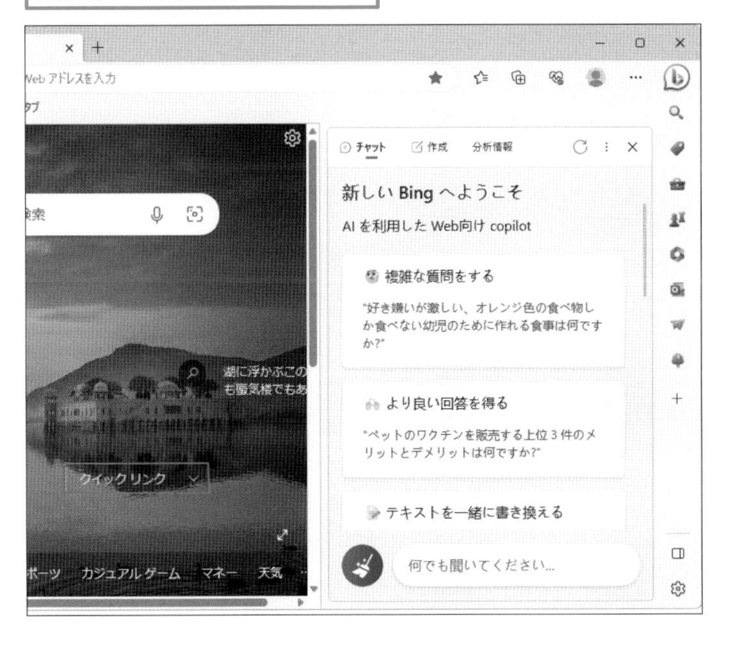

使いこなしのヒント

大規模になるほど性能が向上

言語モデルは、大規模なほど性能が向上することが知られています。学習するデータの量を増やし、計算能力を高め、学習のパラメーターの数（モデル容量）が高くなれば高くなるほどリニアに性能が向上します。OpenAIのGPT-3はパラメーター数が1750億ですが、GoogleのPaLM 2は5400億となっています(GPT-4は非公開)。ただし、最近では小さなモデル容量のままでチューニングによって性能を向上させる研究も進んでいます。

使いこなしのヒント

画像を生成する「DALL・E」

ChatGPTと同じ、OpenAIの生成系AIとして有名なものに、言葉から画像を生成する「DALL・E(ダリ)」があります。例えば、「宇宙空間を漂うしっぽの生えた古びた缶詰」のように言葉を指示すると、それに合ったイラストを自動的に作り出すことができます。画像生成AIには、このほか「Stable Diffusion」などのサービスもあります。

まとめ　人間の手でチューニングされたAI

ChatGPTの「自然さ」や「賢さ」の理由は、トランスフォーマーなどのしくみだけではありません。きちんと人間の手によってチューニングされていることで、私たちの生活や仕事に活用できる実用的なAIに仕上がっています。AIの進歩には目を見張るものがありますが、まだまだ人間の介在は欠かせません。

レッスン
08 ChatGPTの注意点とは

信ぴょう性、著作権問題

1 人間の著作物がベースになっている

ChatGPTに限らず、生成系AIが出力した文章や画像は、そのままレポートや報告書として提出したり、自社の商品のラベルなどに使ったりしても問題ないのでしょうか？　こうした問題に対して、はっきりとした基準や判例はありません。しかし、生成系AIは、インターネット上の既存の文章や画像を学習することによって、出力を生成しています。このため、生成された文章や画像が、既存の作品を引用していたり、似通った作風を持ってしまったりする可能性があります。出力をそのまま使うのではなく、あくまでも人間の思考や発想の手助けをするアイデアとして活用する必要があります。

● 著作物を引用している場合がある

文章を創作させた場合、Webに発表された著作物を引用している可能性がある

● Web上の画像を使っている可能性がある

画像の生成をさせた場合、Webに掲載されている画像やイラストを素材にしている可能性がある

キーワード

使いこなしのヒント

ChatGPTの利用規約はどうなっている?

ChatGPTで出力された文章の扱いについては、以下の利用規約に記載されています。2023年6月時点では、出力に対する権利や利益は利用者にあり、商用利用も可能であるとされていますが、変更される場合があるので必ず確認しましょう。詳しくは巻末のQAも参照してください。

▼OpenAI Terms of use
https://openai.com/policies/terms-of-use

使いこなしのヒント

商用利用可能なことと著作権は別問題

ChatGPTで出力された文章をビジネスに活用することはできますが、それと著作権の問題は別となります。出力された文章が、偶然、既存の出版物などと似てしまった場合、他人の著作権を侵害してしまう可能性もあるので、利用する際は細心の注意が必要です。

2 すべて「本当のこと」とは限らない

ChatGPTで出力された回答は、必ずしも真実とは限りません。2023年6月時点では、ChatGPTは2021年9月時点のデータでトレーニングされています。このため、それ以降の情報については正しく答えることができません。また、ChatGPTは、そのしくみ上、入力された文章に続く単語を次々に予測しているだけなので、正しい情報ではなく、学習元により多く含まれていた情報（つまり、次に来る可能性が高い単語）を回答する傾向があります。回答が間違っている可能性があることは意識して使う必要があります。

● 回答を鵜呑みにしてはいけない

夏目漱石の「こころ」のあらすじを教えて。

「こころ」は夏目漱石が晩年に書いた小説で、未完に終わっています。主人公の先生は活発な高校教師で、教え子と巻き起こす騒動が楽しく描かれています。

なんか内容が違うと思うんだけど……。

3 出典元の記載や掲載前の調査が必要

では、ChatGPTの出力結果はどのように利用すればいいのでしょうか？　著作権の問題に関しては、出力結果を利用する前に検索し、同じような言い回しや表現の文章がないかを確認するといいでしょう。また、出力結果をレポートや報告書などで使う場合は出典を明記すると確実です。例えば、「Written with ChatGPT（ChatGPTを使って執筆）」と記載するといいでしょう。

使いこなしのヒント

未成年の利用はできる？

OpenAIの利用規約では、サービスを利用できる年齢を13才以上としています。また、18才未満の場合は、保護者の許可が必要としています。

使いこなしのヒント

個人情報や機密情報の扱いに注意しよう

ChatGPTでは、入力された文章は、サービスの改善のためにOpenAIに利用される可能性があります。名前や住所などの個人情報、新製品や知財に関する社内の機密情報などの入力は避けましょう。

使いこなしのヒント

日本語にはまだ弱い

ChatGPTでは、日本語での質問も可能で、日本語で回答してもらうことができます。ただし、2023年6月時点では、日本語の学習データが多くないため、正確な回答が得られない場合もあります。場合によっては、英語で質問した方が的確な回答が得られることもあります。

まとめ

組織の利用ルールを守って使おう

ChatGPTの利用方法は、現在、多くの組織でルール作りがなされている最中です。すでに全社導入している企業もあれば、レポートや課題などへの利用を禁止している学校などもあります。必ず自分が所属する組織のルールで、用途や禁止行為などを確認しておきましょう。

レッスン
09 ChatGPTのアカウントを作ろう

アカウント

実際にChatGPTを使ってみましょう。まずは、事前の準備が必要です。ブラウザーを使ってChatGPTのWebページにアクセスし、アカウントを登録しましょう。メールアドレスさえあれば、誰でも無料で利用できます。

1 アカウントをサインアップする

Google Chromeを起動してChatGPTのURLを入力する

▼ChatGPTのWebページ
https://chat.openai.com/

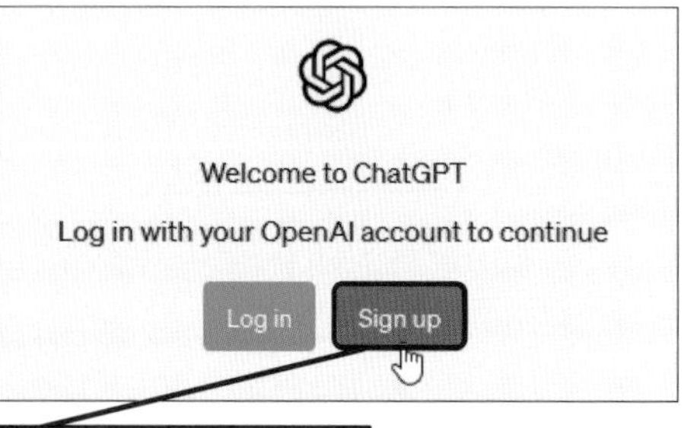

1 ［Sign up］をクリック

アカウントの入力画面が表示された

2 Gmailのメールアドレスを入力

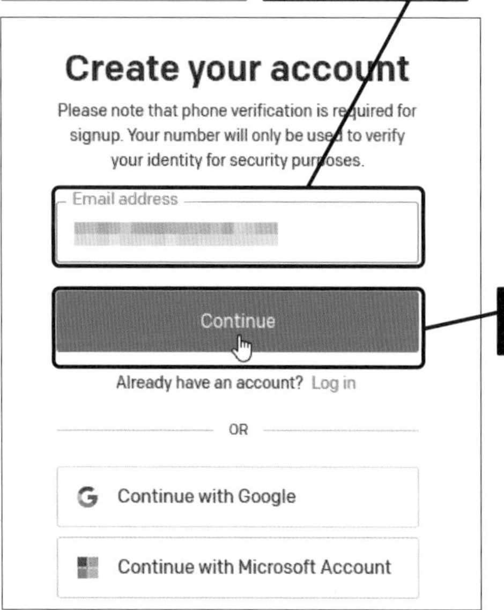

3 ［Continue］をクリック

キーワード

使いこなしのヒント
有料のChatGPT Plusもある

ChatGPTには、無料プランと有料プランの「ChatGPT Plus」があります。本書では、無料プランの使い方を解説します。有料プランのChatGPT Plusを利用すると、混雑時でも高速に回答が得られるうえ、最新の大規模言語モデルである「GPT-4」を利用できます。また、ChatGPT Plusでは、テキストだけでなく、画像などの入力にも対応する予定です。たとえば、グラフの図を入力してデータに関する意見を求めることなどができる予定です。このほか、Web検索を併用したり、他の事業者のサービスと連携したりする機能も実装される予定となっています。

使いこなしのヒント
GoogleアカウントやMicrosoftアカウントでも利用できる

Gmailなどで利用しているGoogleアカウントや、Windowsで利用しているMicrosoftアカウントがある場合は、手順1の下の画面で、該当するアカウントのリンクをクリックすることで、そのアカウントでChatGPTにサインアップできます。

2 パスワードを入力する

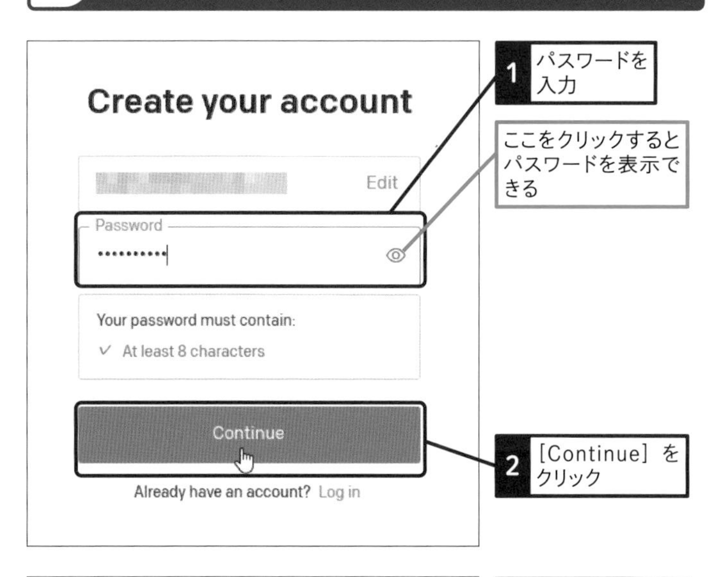

4 OpenAIから送信されたメールを表示

⚠ ここに注意

会社や学校で使う場合は、組織でChatGPTの利用が許可されているかどうかを事前に確認しておきましょう。組織によっては、ChatGPTの利用が禁止されている場合もあります。

使いこなしのヒント

ブラウザーの翻訳機能を活用しよう

ChatGPTのサインアップ画面は、英語での表記となります。メッセージの内容を日本語で読みたいときは、ブラウザーの翻訳機能を活用しましょう。ページを右クリックして［日本語に翻訳］を選択すると翻訳できます。

使いこなしのヒント

次回からは［Log in］ですぐに使える

このレッスンで解説しているChatGPTへの登録作業は、はじめてChatGPTを使うときのみ必要な操作です。次回からは、手順1の画面で［Log in］をクリックし、登録したアカウントでログインすることでChatGPTを利用できます。

次のページに続く ➡

3 氏名を入力する

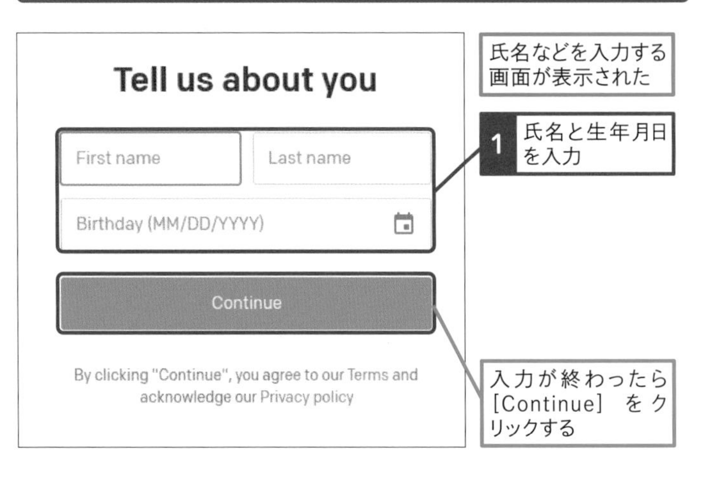

使いこなしのヒント

氏名と生年月日、電話番号の入力が必要

登録に必要な情報は、氏名と生年月日、電話番号です。本人確認のためにSMSで送られてきたコードを入力する必要がありますので、電話番号にはスマートフォンなどの番号を入力しましょう。

4 二段階認証を行う

使いこなしのヒント

ブラウザーは何を使えばいいの?

ChatGPTは、どのブラウザーからでも利用できます。本書では、Chromeを例に使い方を紹介していますが、Windows標準のMicrosoft EdgeやMacのSafariなどでも利用できます。

スキルアップ

SMSが届かない場合は

環境によっては、OpenAIからのメッセージが迷惑メッセージフォルダーに分類されてしまうことがあります。手順4で電話番号入力後、しばらく待ってもメッセージが届かないときは、SMSアプリで［迷惑メッセージ］や［迷惑メール］などのフォルダーを確認してみましょう。迷惑メッセージフォルダーの確認方法は、通信事業者や機種によって異なるので、詳しくはスマートフォンの取扱説明書やメーカーのサポートサイトを参照してください。

5 ChatGPTの画面を表示する

ChatGPTについての注意事項が表示された

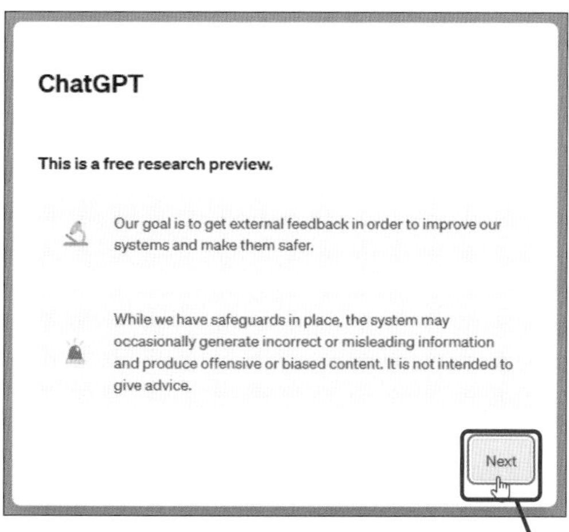

1 [Next] をクリック

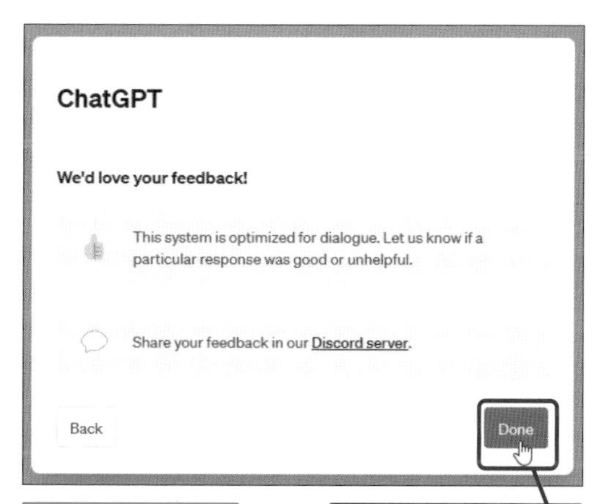

内容を確認しておく

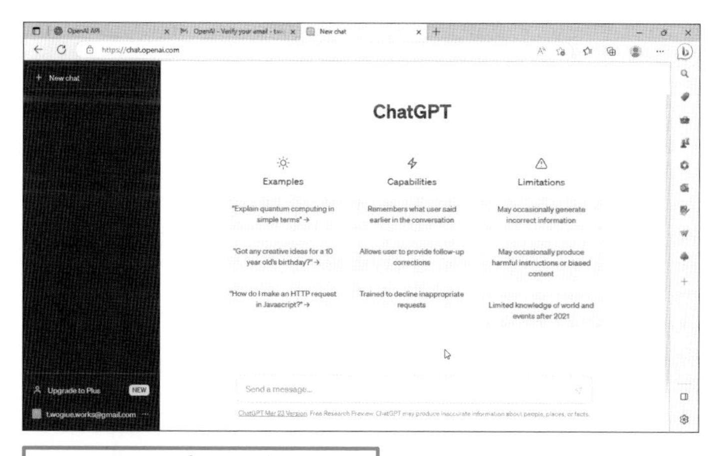

ChatGPTのトップページが表示された

使いこなしのヒント

スマートフォンでも利用できる

ChatGPTはスマートフォンでも利用できます。スマートフォンのブラウザーを使って、同様にサインアップするか、パソコンで登録したアカウントを使ってスマートフォンのブラウザーからログインしましょう。なお、iPhoneやAndroid向けのアプリを使って利用することもできます（iPhone向けのアプリについては137ページの付録2を参照）。

使いこなしのヒント

サインアップできない場合は

ブラウザーの種類や環境によっては、ChatGPTへのサインアップができないことがあります。別のブラウザーをインストールしたり、別のアカウントで登録したりしてみましょう。

まとめ 誰でもすぐに使い始められる

ChatGPTは、高度なAIを使った技術ですが、サービスとしてはとても簡単に使えます。英語なので、敷居が高いと思うかもしれませんが、メールアドレスや名前など、最低限の情報を登録するだけで利用できます。料金もかかりませんので、気軽に試してみましょう。

この章のまとめ

とにかく使ってみてから後でまた読み返そう

「ChatGPTは、対話型AIで、自然言語処理で、機械学習で、深層学習で、トランスフォーマーを使っていて……」。みなさん、もしかすると少し混乱しているかもしれません。この章では、AIの概要やしくみまで簡単に説明しましたが、今の段階で深く理解する必要はありません。とりあえず「そういうものだ」と割り切って、使い始めてみるのがChatGPTを理解する近道です。使い進めていくうちに、「なぜ、こんなに自然に会話できるんだろう?」「どうしていろいろなことを知ってるんだろう?」「なぜ間違えることがあるんだろう?」と疑問に感じたら、もう一度、この章を読み返してみてください。きっとChatGPTやAIを理解する手助けになるはずです。

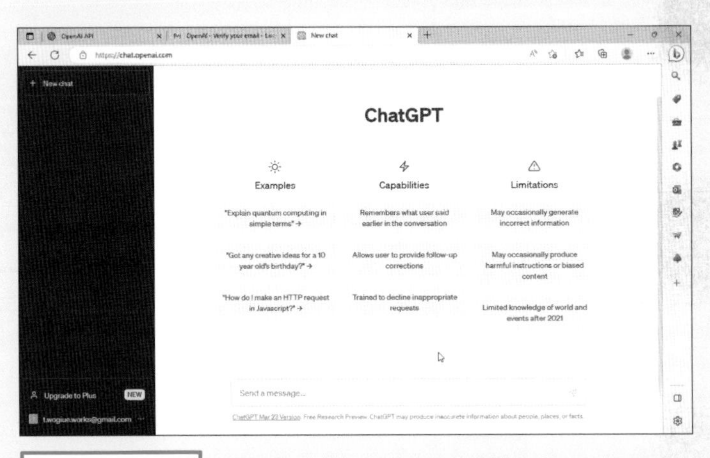

まずは使ってみよう

AIのしくみが何となくわかってきました。

この章では専門的な内容もたくさん説明しましたが、全部覚えなくても大丈夫。ただ、使っていてわからないことがあったらヒントになる内容なので、たまに読み返すといいですよ。

アカウントも作ったし、どんどん使ってみたいです!

そうですね、「習うより慣れろ」です。次の章では基本的な使い方を一通り説明するので、パソコンやスマートフォンで早速試してみましょう!

基本編

第2章

ChatGPTを操作してみよう

準備ができたら、実際にChatGPTを使ってみましょう。この章では、ChatGPTの基本的な操作方法を解説します。どのように質問すればいいのか？　どんな設定があるのか？　を確認しておきましょう。

レッスン

10 Introduction この章で学ぶこと ChatGPTの使い方を覚えよう

ChatGPTを実際に使ってみましょう。基本的には、知りたいことやアドバイスしてほしいことを質問するだけです。気軽に使ってみましょう。質問し直したり、過去のやり取りをバックアップしたりする方法も確認しておくと便利です。

さあ、ChatGPTを使ってみよう！

アカウントも作ったし、準備万端！　いよいよChatGPTの使い方ですね！

そんなに急がなくても大丈夫ですよ。ChatGPTの詳細な機能は意外と知られていないので、この章で紹介しますね。

シンプルに質問しよう

まずは基本の「き」、シンプルな質問の方法から紹介します。ChatGPTの画面はすべて英語表記ですが、日本語で質問すれば日本語で答えてくれますよ。

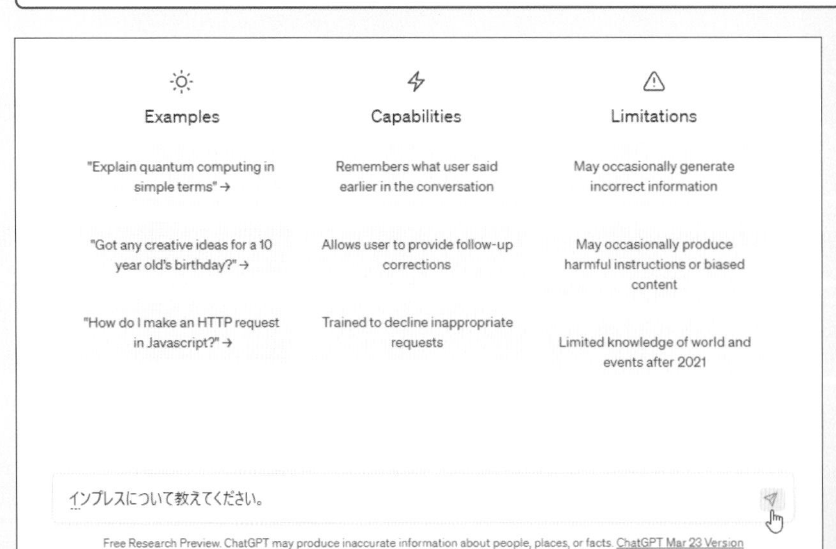

日本語で質問すれば日本語で回答してくれる

回答を再生成しよう

ChatGPTはまだ開発中なので、おかしな答えが出てくることがあります。そんなときは回答を再生成して、結果を見てみましょう。

こんな機能があったんですね！　回答を比較できて参考になります！

インプレスは、情報技術やデジタルメディアの分野で幅広い情報を提供することで、読者やプロフェッショナルの知識とスキルの向上を支援しています。また、最新のトレンドや技術の紹介、専門家による解説などを通じて、業界の情報発信やコミュニテ

Regenerate response

Send a message.

Free Research Preview. ChatGPT may produce inaccurate information about people, places, or facts. ChatGPT Mar 23 Version

回答内容を再度、生成できる

データのバックアップもできる

そしてこんな機能も。質問と回答をまとめて、アカウントで使っているメールアドレスに送ることができます。万が一に備えて、バックアップしておくと便利ですよ♪

全部まとめて送れるのはいいですね。調べ物とか多くなったときに活用できそうです！

Request data export - are you sure?

- Your account details and conversations will be included in the export.
- The data will be sent to your registered email in a downloadable file.
- Processing may take some time. You'll be notified when it's ready.

To proceed, click "Confirm export" below.

Cancel　Confirm export

アカウントのメールアドレスに質問と回答をまとめて送ることができる

レッスン

11 ChatGPTで質問してみよう

基本操作

ChatGPTに質問してみましょう。友人や家族に相談するときのように、普段使っている自然な言葉で会話をすることができます。画面は英語となりますが、日本語で質問して、日本語の回答を得ることができます。

1 質問を入力する

レッスン08を参考にChatGPTにログインしておく

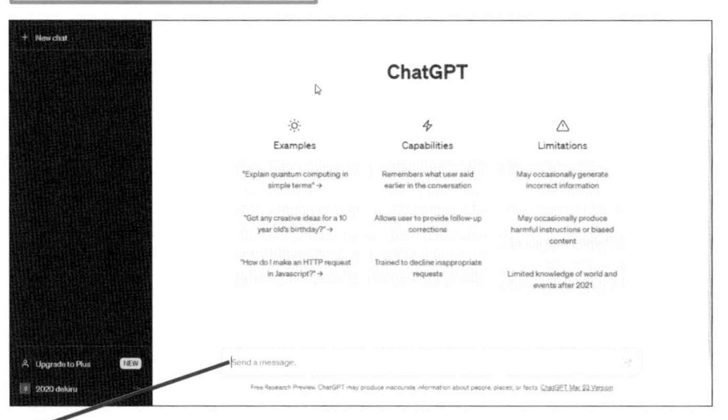

1 ここをクリック

2 「インプレスについて教えてください。」と入力

3 Enter キーを押す

キーワード

回答	P.152
検索サイト	P.153
質問	P.153

使いこなしのヒント

質問は明確に

Webの検索エンジンを使うときは、「インプレス　会社概要」など単語を入力するのが一般的ですが、ChatGPTでは、このような質問だと必ずしも的確な回答が得られるとは限りません。「～について教えて」「～のアイデアを考えて」のように明確に質問しましょう。

使いこなしのヒント

テーマごとに会話が保存される

ChatGPTでは、テーマごとに会話が自動的に保存され、左側の履歴に一覧表示されます。履歴をクリックすると、過去の会話を参照したり、会話の続きをしたりできます。

時短ワザ

お気に入りに登録しておこう

ChatGPTのWebページは、ブックマークやお気に入りに登録しておくと便利です。ブラウザーのアドレスバーにあるアイコンから登録しておきましょう。

スキルアップ

会話が途中で止まってしまったときは

回答の文字数が多くなりすぎたり、ChatGPTのアクセスが集中したりすると、会話が途中で途切れることがあります。このような場合は、「続きを書いて」とリクエストしてみましょう。また、回答が長くなりすぎることがないように、「簡潔に答えて」「候補を3つ教えて」「300文字で」といったように制限を付けて質問するのもいい方法です。

回答の文字数が多すぎると途中で止まってしまう場合がある

2 回答を確認する

回答が表示された

回答の長さに応じて画面が自動的にスクロールする

ここをクリックすると回答内容をクリップボードにコピーできる

ここをクリックすると回答内容を評価できる

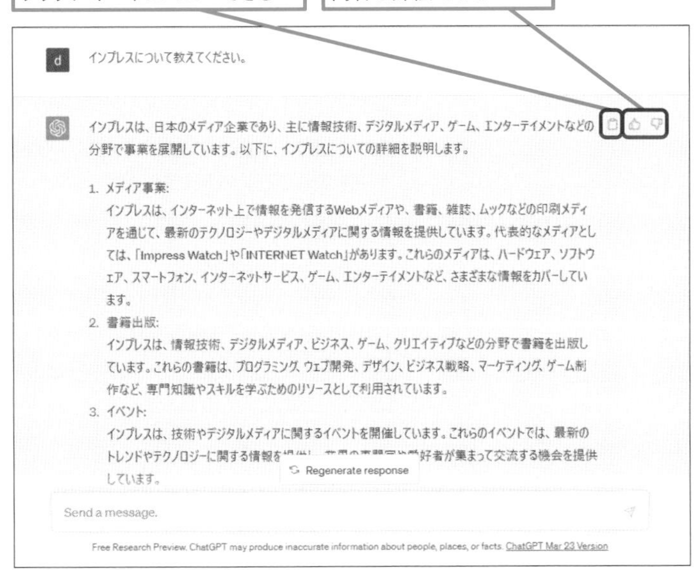

使いこなしのヒント

公序良俗に反する回答はできない

ChatGPTは、差別的な発言や公序良俗に反する回答はしないように調整されています。このため、特定の質問に対しては回答しないことがあります。

まとめ 気軽に聞いてみよう

ChatGPTは、いつでも気軽に会話ができる相談相手です。気になることを聞いたり、アイデアを出してもらったり、考察しながら会話を深めたりと、いろいろなことができます。ブラウザーを開くだけで、いつでも、何度でも質問できるので、気軽に使ってみましょう。

レッスン

12 回答を再生成しよう

リジェネレート

ChatGPTに別の回答を聞いてみましょう。回答を再生成することで、より正確な回答が得られたり、別のアイデアを提示してもらったりすることができます。相手はAIなのですから、遠慮することなく、何度でも聞いてみましょう。

キーワード

1 回答を再度生成させる

レッスン09を参考にChatGPTに回答させておく

2. 書籍出版:
インプレスは、情報技術、デジタルメディア、ビジネス、ゲーム、クリエイティブなどの分野で書籍を出版しています。これらの書籍は、プログラミング、ウェブ開発、デザイン、ビジネス戦略、マーケティング、ゲーム制作など、専門知識やスキルを学ぶためのリソースとして利用されています。
3. イベント:
インプレスは、技術やデジタルメディアに関するイベントを開催しています。これらのイベントでは、最新のトレンドやテクノロジーに関する情報を提供し、業界の専門家や愛好者が集まって交流する機会を提供しています。
4. プロダクト:
インプレスは、自社で製作した書籍や雑誌、ムックなどの販売を行っています。これらの製品は、技術者やエンターテイメント愛好者、ビジネスパーソンなどのニーズに応えるために制作されています。

インプレスは、情報技術やデジタルメディアの分野で幅広い情報を提供することで、読者やプロフェッショナルの知識とスキルの向上を支援しています。また、最新のトレンドや技術の紹介、専門家による解説などを通じて、業界の情報発信やコミュニテ

Regenerate response

Send a message.

Free Research Preview. ChatGPT may produce inaccurate information about people, places, or facts. ChatGPT Mar 23 Version

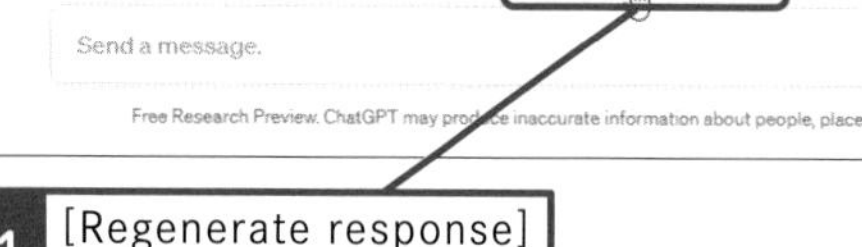

1 [Regenerate response]をクリック

質問回数と回答回数が表示される

同じ質問で回答が再度生成される

d インプレスについて教えてください。

< 2/2 インプレス株式会社は、日本の出版社の一つであり、主にコンピュータ関連の書籍や雑誌を出版しています。また、Webメディアやシステム開発、マーケティングサービスなども手がけています。

インプレスが出版する書籍や雑誌は、パソコンやスマートフォン

ここに注意

ChatGPTの回答は、基本的に毎回変化します。同じことを聞いても、同じ回答になることの方が珍しく、言い回しや表現なども変化します。このため、本書の例のように入力しても、紙面と同じ回答になるとは限りません。

使いこなしのヒント

途中で質問を止めるには

質問を間違えてしまったときなどは、[Stop generating]をクリックすることで、回答を中断することができます。

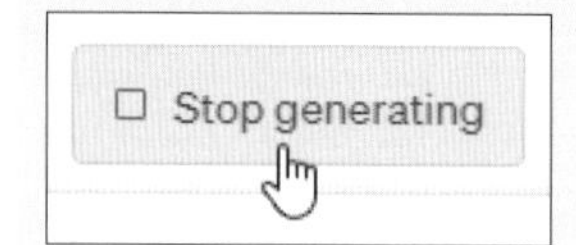

[Stop generating]をクリックすると回答の生成が停止する

2 回答を確認する

回答が表示された

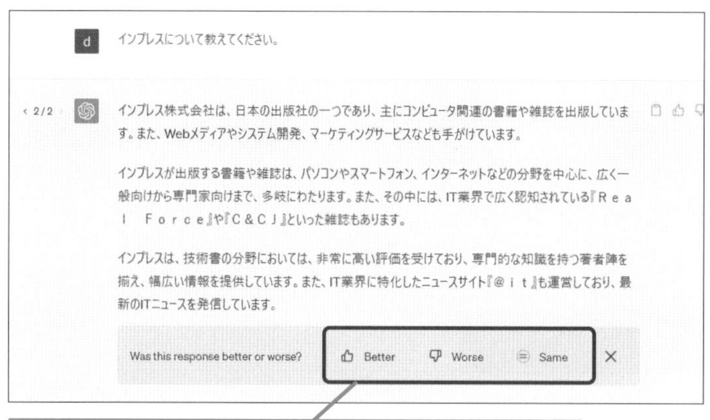

再生成した回答について、生成前と比べて「よい（Better）」「悪い（Worse）」「同等（Same）」の評価ができる

1 [Worse] をクリック

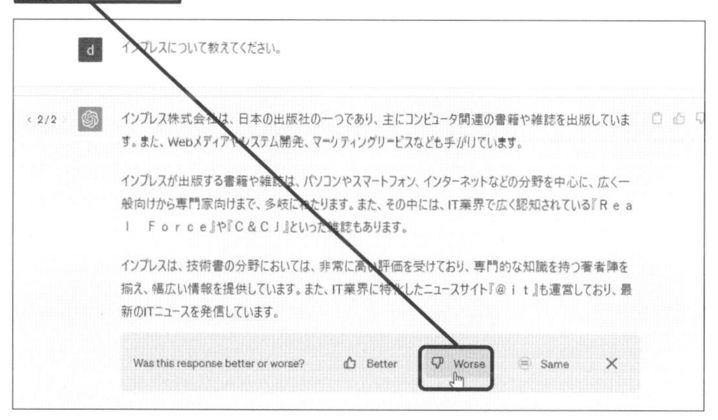

評価が送信され、表示が消える

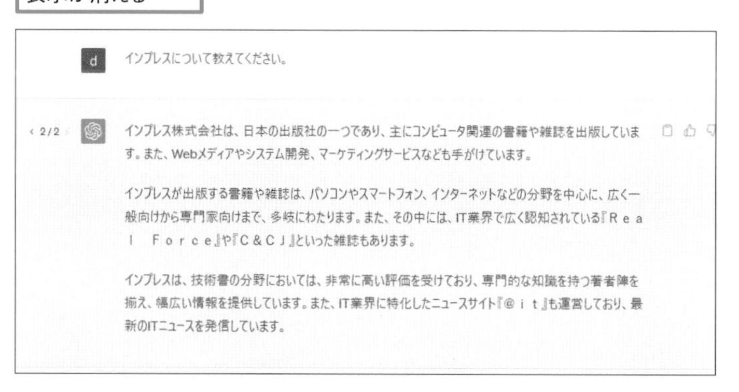

使いこなしのヒント
英語の方が正確に回答してくれる

ChatGPTは日本語での利用も可能ですが、英語のデータを多く学習し、英語に最適化されています。このため、英語に慣れている場合は、英語で質問した方が正確な回答が得られる場合があります。

使いこなしのヒント
検索エンジンではない

ChatGPTは、検索エンジンではありません。このため、Webページの検索には適していません。検索エンジンとして使うのであれば、Webページを検索したり、参照元を提示したりしてくれる有料版のChatGPT Plus（2023年6月時点ではベータ機能）か、マイクロソフト「Bing AI」のチャット機能の方が適しています。

▼Bing AI
https://www.bing.com/?cc=jp

まとめ 相談やアイデア出しに活用しよう

ChatGPTで表示される回答は正確であるとは限りませんし、質問する度に内容や表現も変わります。このような点が、従来のAIとは異なる人間らしさとも言えますが、情報としてそのまま使うことが危険である理由でもあります。再生成は、どちらかというと正確な回答を引き出すというよりは、相談でいろいろな回答を示してもらったり、たくさんのアイデアを考えてもらったりしたいときに活用するといいでしょう。

レッスン

13 続けて質問しよう

質問を続ける

ChatGPTは、人間のように会話の流れを考慮して質問に回答することができます。続けて質問を入力して、前の会話を受けた回答を引き出してみましょう。例えば、長い回答を要約してもらいたいときなどに役立ちます。

キーワード

1 質問をさらに入力する

レッスン09を参考にChatGPTに回答させておく

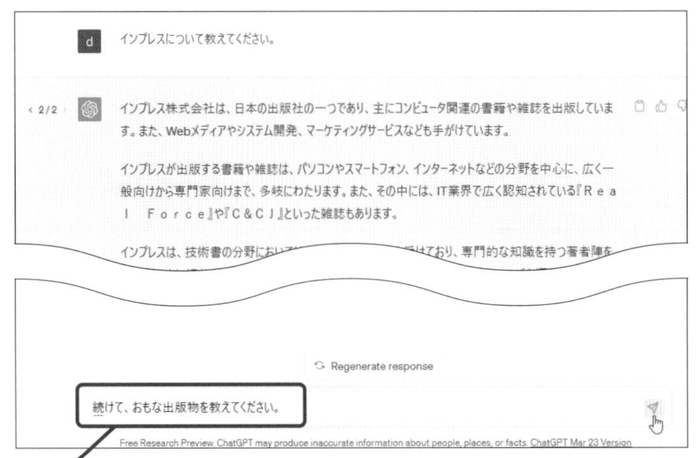

1 「続けて、おもな出版物を教えてください。」と入力

2 Enter キーを押す

続けて、おもな出版物を教えてください。

インプレスが出版しているおもな書籍や雑誌をいくつかご紹介します。

1. 『Ｒｅａｌ Ｆｏｒｃｅ』: ITエンジニアやプログラマを対象にした月刊雑誌で、プログラミング言語や開発ツール、データベースなどに関する情報を提供しています。
2. 『Ｃ＆ＣＪ』: コンピュータ・コンテンツ専門の月刊雑誌で、パソコンやスマートフォン、ネットワーク、インターネット、ゲームなど、幅広い情報をカバーしています。
3. 『＠ｉｔ』: IT業界に特化したニュースサイトで、最新のIT関連ニュースやトレンド、企業動向、製品情報などを提供しています。
4. 『マイナビブックス』: 就職や転職、キャリアアップに関する書籍を出版しています。具体的な業界や職種に特化したガイドブックや就活関連の本などがあります。
5. 『＠ＩＴ ＳＴＵＤＩＯ』: IT関連の技術書やリファレンス書を出版しており、プログラミング言語やネットワーク、セキュリティなど、幅広いテーマをカバーしています。

これらは一部であり、インプレスが出版している書籍や雑誌はさらに多岐にわたっています。

続ける形で回答が表示された

使いこなしのヒント

テーマが違う場合は会話を分ける

このレッスンで示したように、ChatGPTは前の会話を受けて、新しい回答を生成できます。逆に言うと、途中でまったく別のことを聞きたくても、前の会話を考慮してしまう可能性があります。テーマがまったく違う質問をしたいときは、[+New chat]から新しい会話を始めましょう。

使いこなしのヒント

ほかにどんな聞き方があるの?

ここでは、要約や詳細の聞き方を紹介しましたが、このほか「どうして」と理由を尋ねたり、「反対意見を述べて」と別の視点で答えてもらったりすることもできます。

2 回答を要約する

続けて回答を短くする

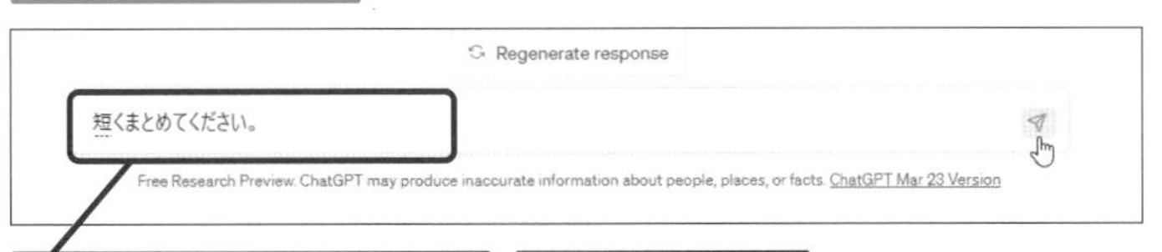

1 「短くまとめてください。」と入力

2 Enter キーを押す

インプレス株式会社は、日本の出版社で主にコンピュータ関連の書籍や雑誌を出版しています。また、Webメディアも運営し、IT業界やテクノロジーに関する最新情報を提供しています。豊富な知識と情報提供力により、IT業界やテクノロジー愛好者にとって重要な情報源となっています。

短い回答が生成された

3 回答を詳しくする

続けて回答を詳しくする

1 「詳しくしてください。」と入力

2 Enter キーを押す

インプレス株式会社は、日本を代表する出版社の一つです。1986年に設立され、主にコンピュータ関連の書籍や雑誌を出版しています。その中でも、IT業界やテクノロジーに特化した情報を提供しており、広範な読者層に対応しています。

インプレスの出版物は、幅広い分野を網羅しています。パソコン、スマートフォン、ネットワーク、プログラミング、デザイン、ゲームなど、多様なテーマにわたる技術書籍や雑誌を提供しています。これらの書籍は、初心者から専門家まで、さまざまなレベルの読者に役立つ情報を提供しています。

さらに、インプレスはWebメディアも展開しており、『@ｉｔ』や『@ＩＴ ＳＴＵＤＩＯ』といったサイトを通じて、最新のITニュース、技術情報、製品レビュー、開発トレンドなどを提供しています。これらのWebメディアは、日本国内外のIT業界やテクノロジー愛好者から広く利用されています。

インプレスの特徴は、その高い専門性と信頼性です。著名な専門家や著者陣を起用し、豊富な知識と情報を提供することで、読者に価値あるコンテンツを届けています。そのため、インプレスの出版物やWebメディアは、IT業界やテクノロジー分野において重要な情報源として広く認知されています。

インプレス株式会社は、長い歴史と優れた情報提供力を持ちながら、日々進化し続け、読者のニーズに応える情報を提供しています。

詳しい回答が生成された

使いこなしのヒント

「続けて」だけでも回答してくる

単に「続けて」と入力するだけでも会話を重ねることができます。いろいろな情報を引き出したり、別の解答を得たい場合に活用しましょう。

スキルアップ

質問を編集して聞き直すには

重ねて質問するのではなく、直前の質問の聞き方を変えることもできます。前の質問にマウスカーソルを合わせると右側に編集ボタンが表示されるので、クリックして質問を編集して質問し直しましょう。

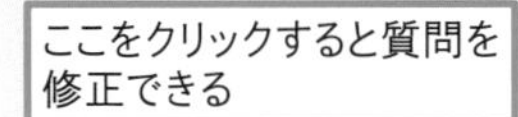

インプレスについて教え

まとめ 会話を深めることができる

ChatGPTでは、人と会話するときと同じように、会話を深めたり、発展させたりすることができます。ChatGPTの回答を元に、その理由を尋ねたり、新たな提案を引き出したり、時には反論したりと、いろいろな会話をすることができます。

レッスン

14 質問の表示を変更するには

質問の表示と削除

ChatGPTとの会話はテーマごとに自動的に保存され、履歴が画面左に一覧表示されます。会話のタイトルをわかりやすく編集したり、過去の会話を削除したり、履歴全体を削除したりしてみましょう。

キーワード

回答	P.152
質問	P.153
履歴	P.155

1 質問の文言を変更する

ChatGPTの回答が終了すると、質問と回答が自動的に保存される

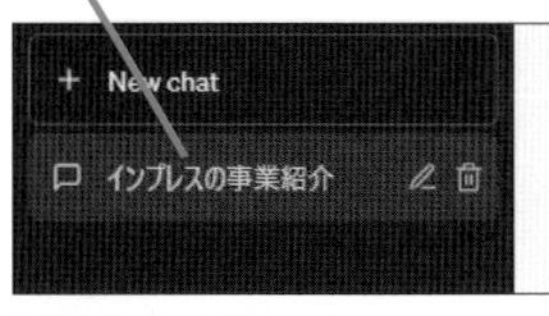

1 ここをクリック

質問の文言が編集可能になった

2 「インプレスの紹介」に変更

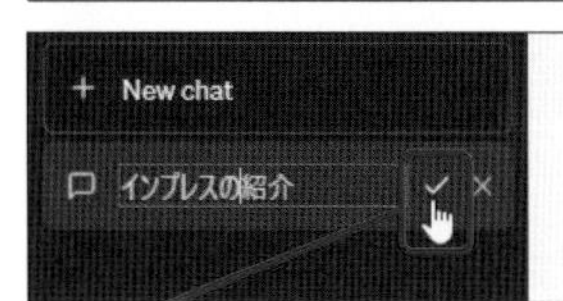

3 ここをクリック

文言が確定した

使いこなしのヒント

最初の解答後に自動生成される

会話のタイトルは、最初の解答が生成された後に、その内容から自動的に生成されます。会話を重ねると、最初のテーマから少し話題がずれている場合などもあるので、会話の内容に合わせてテーマを編集しておきましょう。

使いこなしのヒント

新しい会話を始めるには

新しい会話を始めたいときは画面左上の［+ New chat］をクリックします。まっさらな状態で、一からChatGPTと会話を始めることができます。

2 質問と回答を削除する

1 ここをクリック

削除を確認する画面に変わった

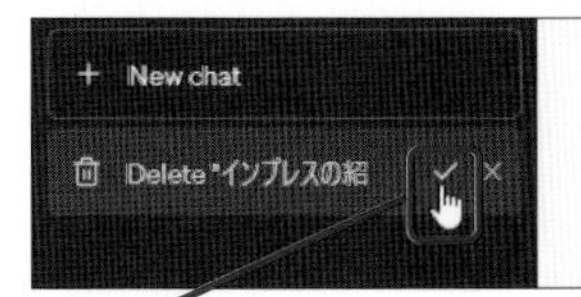

2 ここをクリック

選択した質問と回答が削除される

3 すべての質問と回答を削除する

1 ここをクリック

2 ［Clear conversations］をクリック

削除を確認する画面に変わった

3 ここをクリック

すべての質問と回答が削除される

⚠ ここに注意

ChatGPTでは、会話の削除やすべての会話の履歴を削除する際に、確認のメッセージは表示されません。チェックマークをクリックすると即座に削除されるので慎重に操作しましょう。

使いこなしのヒント

復元できない

削除した会話は復元できません。また、ChatGPTは、毎回、回答が変化するので、以前とまったく同じ質問をしても、同じ回答を再現できるとは限りません。再利用したい会話は、レッスン15を参考に保存しておきましょう。

まとめ　不要な会話を整理しよう

ChatGPTでは、過去の会話が自動的に保存されますが、長く使っていると会話が増えて、過去の履歴が見にくくなります。会話のタイトルをわかりやすくしたり、不要な会話を削除したりして整理しておきましょう。

レッスン

15 設定を変更するには

設定の変更

ChatGPTは、会話をするだけのシンプルなサービスなので、カスタマイズできる項目や設定はほとんどありません。ただし、テーマや履歴など一部、設定を変更することができるので、必要に応じて変更しておきましょう。

1 テーマカラーを変更する

1 ここをクリック

2 [Settings] をクリック

Settings
Theme System
Data Controls Show

[Settings] 画面が表示された

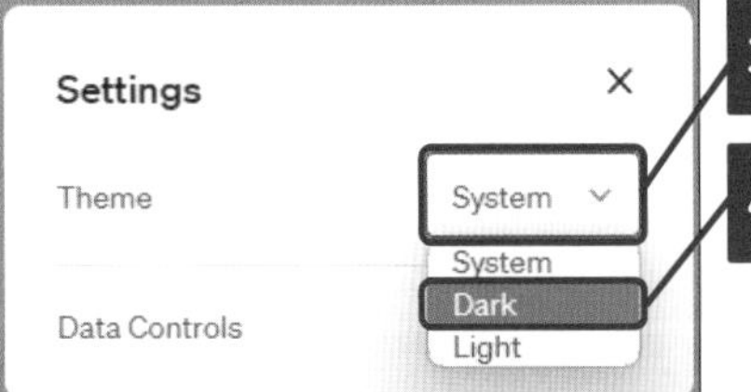

3 [System] をクリック

4 [Dark] をクリック

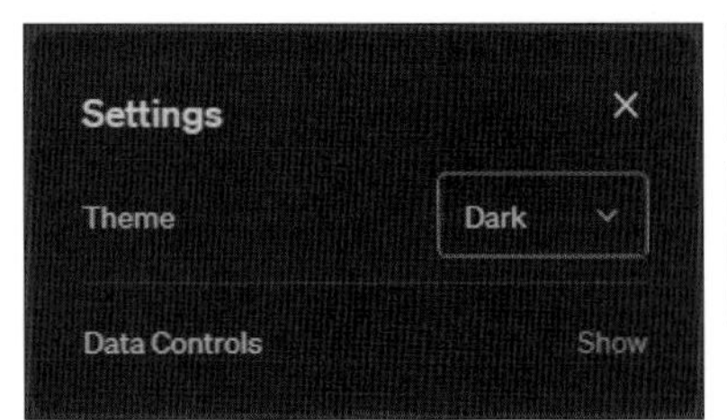

画面が [Dark] に変更された

元に戻すには操作4で [System] をクリックする

キーワード

使いこなしのヒント

設定画面が違うことがある

ChatGPTは更新が頻繁に行なわれるため、設定画面の項目やメニュー名が変わることがあります。画面が本誌と異なる場合は、似たような項目を探して設定してください。

使いこなしのヒント

標準はWindowsの設定に準拠

テーマカラーは、標準では [System] に設定されています。この場合、利用しているブラウザーで選択されているモードによって、自動的にChatGPTのテーマも変化します。

使いこなしのヒント

DarkとLightの2つのみ

テーマで選択できる配色は、黒背景となる [Dark] と白背景の [Light] のいずれかとなります。どちらが良いかは好みなので、実際に配色を変えて見比べてみましょう。

2 履歴を残さない設定にする

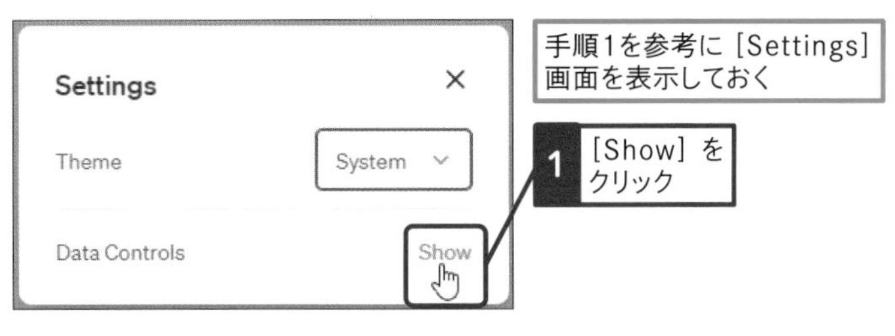

手順1を参考に［Settings］画面を表示しておく

1 ［Show］をクリック

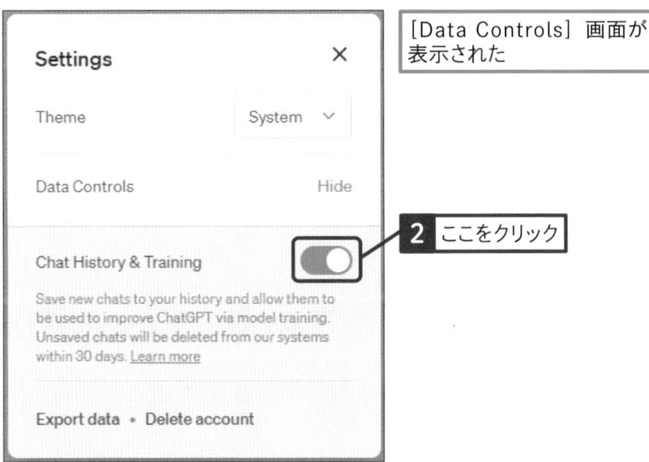

［Data Controls］画面が表示された

2 ここをクリック

質問と回答が保存されない状態になった

元に戻すには［Enable chat history］をクリックする

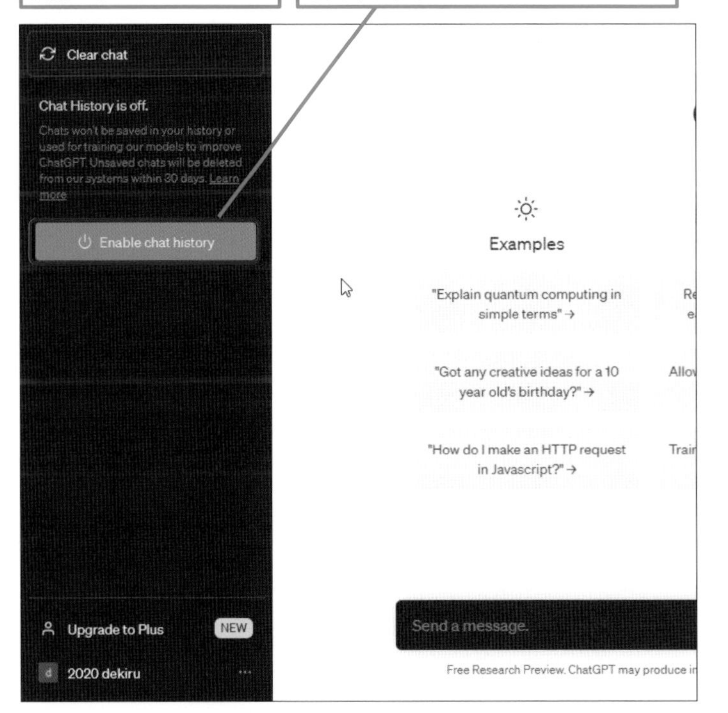

使いこなしのヒント

プライバシーを重視するなら履歴なしで

過去にした質問を見直したいときもあるので、基本的に履歴は残しておいた方が便利です。ただし、家族で共有しているパソコンなどでは、履歴から質問内容が他の人に見られてしまう可能性があります。プライバシーを守りたいときは履歴をオフにして使いましょう。

使いこなしのヒント

トレーニングにも使われる

入力したチャットの内容は、そのままではありませんが、ChatGPTのモデルをトレーニングするためにも活用されます。トレーニングにも使ってほしくないときは、履歴をオフにしておきましょう。

使いこなしのヒント

履歴をオフにする前に保存しておこう

履歴を保存する方法は、次のページで紹介しています。再利用したい会話がある場合は、事前に保管しておきましょう。

次のページに続く ➡

3 データをメールで送信する

4 アカウントを削除する

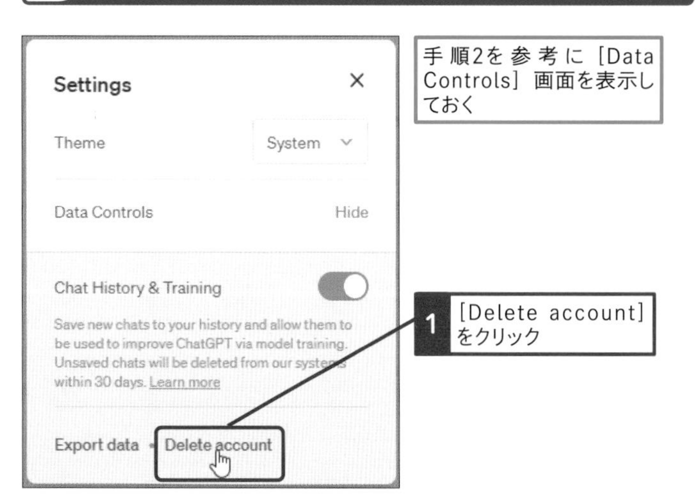

使いこなしのヒント

メールからダウンロードする

履歴のデータは、メールで送られてきたリンクをクリックすることでダウンロードできます。リンクは24時間で無効になるため、メールを受け取ったら、早めにダウンロードしておきましょう。

使いこなしのヒント

内容を確認するには

ダウンロードしたデータは、ZIP形式で圧縮されています。ファイルを展開すると、すべての会話がまとめられたHTMLファイル（chat.html）が表示されますので、ファイルをブラウザーで開くことで会話の内容を参照できます。

ここに注意

アカウントを削除すると、履歴などのデータも削除され、復元できなくなります。完全にChatGPTを利用しないことが明らかな場合のみアカウントを削除しましょう。

● 必要事項を記入する

確認画面が表示された

2 アカウントのメールアドレスを入力

3 [Permanently delete my account] をクリック

アカウントが削除される

5 ログアウトする

1 ここをクリック

2 [Log out] をクリック

ログアウトした

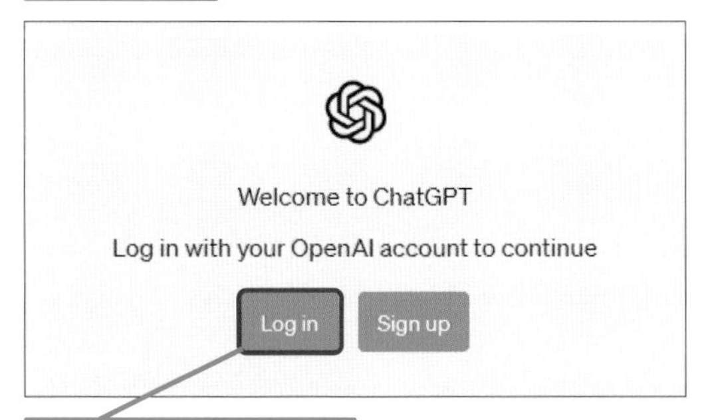

ログインする場合はここをクリックする

使いこなしのヒント

共用パソコンでは忘れずにログアウトしよう

家族やオフィスで共有しているパソコンの場合は、ChatGPTを使った後に忘れずにログアウトしておきましょう。ログインしたままにすると、過去の質問内容などを他の人に見られる可能性があります。

使いこなしのヒント

ログインした状態が保持される

ログアウトしない場合、ChatGPTへのログイン状況がブラウザーに保存されます。このため、次回、「https://chat.openai.com」にアクセスすることで、すぐに会話を開始できます。

まとめ いざというときに活用しよう

ChatGPTの設定は、プライバシーが気になる場合やデータを保存したい場合、利用を辞める場合などに利用します。普段はあまり意識する必要はありませんが、いざというときに必要になるので設定場所や設定方法を確認しておくと安心です。

この章のまとめ

ChatGPTとの会話を楽しんでみよう

ChatGPTには、向いている質問や苦手な質問があったり、聞き方によって答えが変わったりしますが、細かいことは気にせず、まずは思ったことを何でも聞いてみましょう。自分が入力した言葉に対して、自然な会話で答えてくれる面白さを体験できるはずです。少し慣れたら、設定周りを確認しておきましょう。テーマを変えたり、会話の履歴を保存したり、履歴を残さない設定にしたりと、自分の使いやすいように設定してみましょう。

インプレス株式会社は、日本の出版社の一つであり、主にコンピュータ関連の書籍や雑誌を出版しています。また、Webメディアやシステム開発、マーケティングサービスなども手がけています。

インプレスが出版する書籍や雑誌は、パソコンやスマートフォン、インターネットなどの分野を中心に、広く一般向けから専門家向けまで、多岐にわたります。また、その中には、IT業界で広く認知されている『Ｒｅａｌ　Ｆｏｒｃｅ』や『Ｃ＆ＣＪ』といった雑誌もあります。

インプレスは、技術書の分野においては、非常に高い評価を受けており、専門的な知識を持つ著者陣を揃え、幅広い情報を提供しています。また、IT業界に特化したニュースサイト『＠ｉｔ』も運営しており、最新のITニュースを発信しています。

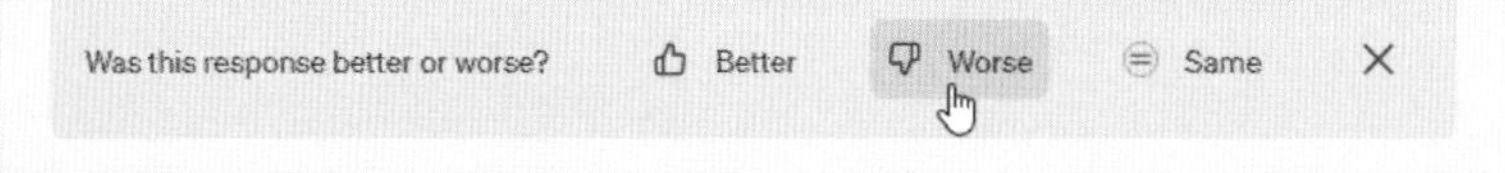

回答にフィードバックしてAIの精度を高めよう

いろいろな機能があってびっくりしました。回答の再生成が楽しいです♪

すっかり使いこなしてますね。ChatGPTはまだ開発段階なので、回答のフィードバックもしてあげてください。

履歴を残さない設定が便利ですね。ちょっとした調べ物は、こっちのほうがいいかな。

セキュリティが気になる場合はおすすめですね。調べた内容を残したいときは、ボタン1つで元の設定に戻しましょう。

活用編

第3章

ChatGPTから アドバイスを受けるには

ChatGPTをより実践的なシーンで活用してみましょう。ここでは、ChatGPTから、生活や仕事に役立つアドバイスをしてもらう方法を紹介します。いろいろな聞き方をすることで、さまざまなアドバイスをもらえます。

レッスン 16 Introduction この章で学ぶこと

ChatGPTにいろいろ聞いてみよう

「ChatGPTにいろいろ聞いてみよう」と言われても、具体的に何をどうやって聞けばいいのかに迷ってしまうかもしれません。ChatGPTは、どちらかというと、調べものよりも相談に適しているAIです。普段の生活や仕事の中で、どのようにアドバイスを求めればいいのかを具体的な例で見ていくことにしましょう。

いろいろ質問してみよう!

ChatGPTの操作、簡単ですね! この章では何をやるんですか?

この章では実際に、ChatGPTにいろいろ聞いてやり取りをしてみましょう。重ねて質問する方法も紹介しますよ!

簡単な質問から聞いてみよう

ChatGPTはいろいろな質問に答えられますが、まずは結果が予想しやすい、簡単な質問から始めましょう。電車の乗換案内を聞いて、さらに料金が安いルートも聞いてみます。

DK 神保町から渋谷までのルートを教えてください。

神保町から渋谷までのルートは以下の通りです。

1.神保町駅から半蔵門線に乗ります。
2.大手町駅で半蔵門線から副都心線に乗り換えます。
3.渋谷駅まで副都心線に乗り続けます。
4.渋谷駅で降ります。

このルートは、最も迅速な方法で渋谷に行く方法です。ただし、通勤ラッシュ時には混雑することがありますので、注意が必要です。また、路線

結果の正誤が判断しやすい乗換案内から試してみる

料理の献立を聞いてみよう

そして次はこれ。今日の夕食の献立を聞いてみます。和食という条件で質問してから、手元にある食材を教えて、新しい献立を作ってもらいます。

お料理の参考になって便利ですね♪　いまある食材で作れるものも教えてくれるんですね！

DK 味や栄養を考慮して、今日の夕食の献立を考えてください。ジャンルは和食です。

和食の夕食の献立ですね。以下は、味や栄養を考慮した献立の一例です。

- ご飯
- 味噌汁
- 鮭の塩焼き
- ほうれん草のおひたし
- 納豆

夕食の献立を提案してもらう

ひっかけ問題を解かせてみよう

そしてこれは、ちょっと意地悪な「引っ掛け問題」。古典的な「なぞなぞ」ですが、ChatGPTは間違えずに答えられるか？　試してみましょう。

この問題、僕にもちょっとわからないです……！答えを教えてください！

DK 3人の客がホテルに泊まることになりました。宿泊料は1室3万円で1人1万円ずつをフロントに支払いました。しかし、フロントは部屋の料金を間違えていました。宿泊代金は1室2万5000円だったのです。 そこでフロントは5000円を3人に返金しようと思いましたが、5000円だと3人で割り切れないのでこっそり2000円を自分のポケットに入れ、残りの3000円を客に返しました。 この場合、客は1人9000円で合計2万7000円支払ったことになり、そこにフロントがくすねた2000円を足すと2万9000円になります。 残りの1000円はどこに消えたのでしょうか。

間違えやすい問題を解かせてみよう

レッスン

17 乗り換えルートを質問しよう

一般的な質問

ChatGPTは、Web検索のような調べものにはあまり適していません。しかし、乗り換えルートなどのような一般的な事柄であれば回答が得られます。どのような聞き方をして、何に注意すればいいのかを確認しておきましょう。

1 地名だけでルートを聞いてみる

以下の質問を入力する

DK 神保町から渋谷までのルートを教えてください。

神保町から渋谷までのルートは以下の通りです。

1.神保町駅から半蔵門線に乗ります。
2.大手町駅で半蔵門線から副都心線に乗り換えます。
3.渋谷駅まで副都心線に乗り続けます。
4.渋谷駅で降ります。

このルートは、最も迅速な方法で渋谷に行く方法です。ただし、通勤ラッシュ時には混雑することがありますので、注意が必要です。また、路線や駅の名前は変更される可能性があるため、最新情報を確認することをお勧めします。

キーワード

ここに注意

ChatGPTは、限られた情報を元に、もっともらしい文章を生成しているだけに過ぎません。このため、本書で紹介している例も含め、回答が必ずしも正しいとは限りません。情報を検索しているのではなく、あくまでもChatGPTが考えた提案を受けていると考えて、利用することが重要です。

使いこなしのヒント

条件などを詳しく記入してもいい

ここでは複数回に分けて会話をしていますが、最初に聞くときに、さまざまな条件を質問に含めることもできます。例えば「車でのルート」としたり、箇条書きで交通手段や費用などの条件を指定したりすることもできます。

スキルアップ

さらに質問を重ねてもいい

さらに質問を重ねることで、条件を絞り込んだり、別のルートを聞いたりすることもできます。気になることを何でも聞いてみましょう。

DK 混雑しにくいルートを教えてください。

混雑を避けるためのルートは、以下の通りです。

混雑しにくいルートを聞くこともできる

2 重ねて質問してみる

続けて以下のように質問を入力する

DK 電車で行くときにもっとも料金が安いルートを教えてください。

神保町から渋谷まで、最も料金が安いルートは以下の通りです。

1.神保町駅から半蔵門線に乗ります。
2.大手町駅で半蔵門線から丸ノ内線に乗り換えます。
3.四ツ谷駅で丸ノ内線から南北線に乗り換えます。
4.目白駅で南北線から山手線に乗り換えます。
5.渋谷駅まで山手線に乗り続けます。
6.渋谷駅で降ります。

このルートでは、乗り換えが複数回ありますが、料金を抑えることができます。ただし、所要時間や乗り換えの数が増えるため、時間に余裕がある場合におすすめです。また、料金体系や運賃改定の可能性があるため、最新の情報をご確認ください。

使いこなしのヒント

ほかにもいろいろな聞き方ができる

ここでは、追加の質問として料金が安いルートを聞きましたが、「歩く距離が短いルート」として聞くなど、さまざまな聞き方ができます。

まとめ 概要を調べるのに適している

ChatGPTは、常識的な事柄や一般的な事柄に対しては、大きく間違った回答はしません。このため、調べものの場合でも、ざっくりとした概要を知りたいときや候補をいくつか挙げてほしいときなどに役立ちます。ここで調べた情報を元に、Web検索で詳細を確認するなど、調べものの第一段階として活用するといいでしょう。

レッスン

18 Webサイトの信ぴょう性を調べよう

判断の手助け

ChatGPTを判断の手助けとして活用してみましょう。例えば、技術的な問題のアドバイスなどに活用できます。自分では判断が難しい情報を質問して、どうすればいいのかという大まかな対処方法を教えてもらいましょう。

1 詐欺サイトかどうか質問する

以下の質問を入力する

DK 次のURLが詐欺サイトか教えてください。

このURLは、信頼できないドメイン"toythieves.com"の下に、ランダムな文字列"sfafscszsvffescf"が付いています。このURLは正当な企業や組織のドメインとは一致しておらず、ランダムな文字列が含まれているため、非常に怪しいと言えます。

さらに、"https"で始まるため、セキュアな接続であるように見えますが、これは偽の安心感を与える詐欺の手法の1つでもあります。つまり、このURLが偽物である可能性が高いと言えます。

したがって、このURLをクリックしないでください。安全なウェブサイトから提供された情報やリンクを使用することをお勧めします。

キーワード

使いこなしのヒント
質問欄で改行するには

質問を入力するときに改行したいときは、Shift+Enterを押します。Enterだけでは質問が確定してしまいますので、忘れずにShiftキーを押しながら操作しましょう。

使いこなしのヒント
ほかにどんな用途に使えるの?

ここではサイトのURLの信ぴょう性について質問しましたが、このほか画面に表示されたエラーメッセージや機器のログなどの情報について質問することもできます。

2 対処方法を質問する

続けて以下のように質問を入力する

DK 対処方法を教えてください。

もし、あなたがこのURLにアクセスした場合は、以下のような対処方法があります。

1. パスワード変更: もしあなたがこのURLにアクセスしてパスワードを入力した場合、早急にそのアカウントのパスワードを変更することをお勧めします。

2. ウイルススキャン: あなたがこのURLにアクセスした場合、コンピューターにマルウェアやウイルスがインストールされた可能性があります。したがって、信頼できるセキュリティソフトを使用して、あなたのコンピューターをスキャンすることをお勧めします。

3. 報告: もしこのURLが不審なサイトであることが明らかであれば、ブラウザの報告機能を使用して、このURLを報告することができます。また、オンライン詐欺に対して活動する組織や当局に報告することもできます。

4. 注意喚起: あなたがこのURLにアクセスした場合、あなたの情報やアカウントが危険にさらされる可能性があるため、家族や友人に注意喚起し、同様のサイトにアクセスしないようにすることが重要です。

使いこなしのヒント
候補を絞り込むには

質問の仕方によっては、たくさんの候補を答えてくれる場合があります。候補をある程度絞り込みたいときは、「○○を3つ教えてください」のように候補の数を指定して質問してみましょう。

使いこなしのヒント
回答を指定して質問できる

手順2の後に「1.について詳しく教えてください」のように質問すると、ChatGPTが提示した候補を指定して、質問を展開することができます。

まとめ 何かを知る手がかりとして活用しよう

ChatGPTは、わからないことの手がかりを知るためには、とても有用なサービスです。何か知りたいことがある場合は、とりあえず聞いてみることをおすすめします。ただし、回答や対処方法が正確ではない場合があるので、必ずWeb検索なども併用して情報を確かめる必要があります。

レッスン

19 料理の献立を聞いてみよう

発想の転換

毎日、食事の献立を考えるのは、とても悩ましいものです。自分とは違う考え方を持ったChatGPTに献立のアイデアを聞いてみましょう。斬新な発想から、新しい献立のアイデアをもらえるかもしれません。

1 夕食の献立を聞いてみる

以下の質問を入力する

DK 味や栄養を考慮して、今日の夕食の献立を考えてください。ジャンルは和食です。

和食の夕食の献立ですね。以下は、味や栄養を考慮した献立の一例です。

- ご飯
- 味噌汁
- 鮭の塩焼き
- ほうれん草のおひたし
- 納豆

鮭の塩焼きは、脂が乗っていて美味しいだけでなく、DHAやEPAなどの栄養素が豊富で、健康にも良いです。ほうれん草のおひたしは、鉄分が豊富で栄養価が高い一品です。味噌汁は、食欲を増進させ、身体を温め、栄養補給にもなります。納豆は、食物繊維やビタミン、ミネラルが豊富です。ご飯は、和食の定番であり、食事の主食となります。以上の献立で、バランスの良い和食の夕食を楽しめます。

キーワード

AI	P.150
回答	P.152
質問	P.153

使いこなしのヒント

ある程度の条件は指定した方が的確

ここでは質問にいくつかの条件を加えました。もちろん、「夕食の献立を考えて」のように漠然と聞くこともできますが、その場合、回答が広くなり、絞り込むのが大変です。質問するときは、最初からある程度の条件を指定しておきましょう。

使いこなしのヒント

箇条書きに「-」が使われる

ChatGPTでは、箇条書きで情報を列挙するときに「- (ハイフン)」が使われることがよくあります。馴染みがない場合があるかもしれませんが、ルールのひとつとして覚えておきましょう。

2 食材を指定して聞いてみる

続けて以下のように
質問を入力する

DK 手元にある食材は、鶏もも肉、たまねぎ、にんじん、たまごです。

手元にある食材を使って、簡単で美味しい料理を提案します。

【チキン照り焼き丼】

【材料】

- 鶏もも肉 200g
- たまねぎ 1個
- にんじん 1/2本
- たまご 2個
- ごはん 2合

【調味料】

- しょうゆ 大さじ2
- みりん 大さじ2
- 砂糖 大さじ2
- 水 50ml
- ごま油 小さじ1
- すりおろしにんにく 小さじ1/2
- すりおろししょうが 小さじ1/2

使いこなしのヒント

質問も箇条書きで指定できる

条件が多いときは質問でも箇条書きを使うとChatGPTが質問を理解しやすくなります。例えば、以下のように「手元にある食材：」と項目のタイトルを加え、「- 鶏もも肉」のようにハイフン(後に半角スペース）を使って項目を指定します。Shift +Enter で改行することを忘れないように操作しましょう。

DK 手元にある食材は下記の通りです。
手元にある食材:
- 鶏もも肉
- たまねぎ
- にんじん
- たまご

使いこなしのヒント

条件を変えて質問し直すには

食材などの条件を変えて質問し直したいときは、質問にマウスカーソルをあわせ、右側に表示されている編集ボタンをクリックします。内容を編集してから、[Save & Submit] をクリックすると質問し直せます。

次のページに続く

● 回答の続き

1. 鶏もも肉を一口大に切ります。たまねぎとにんじんもそれぞれ一口大に切ります。

2. フライパンにごま油を熱し、鶏肉を炒めます。

3. 鶏肉に火が通ったら、たまねぎとにんじんを加えて炒めます。

4. 調味料を混ぜ合わせて、フライパンに加え、煮立てます。

5. 具材に火が通ったら、溶き卵を加え、とろみが出るまでかき混ぜます。

6. ご飯をボウルに盛り付け、その上にチキン照り焼き丼をのせます。

簡単に作れる鶏肉の照り焼き丼です。鶏肉にはたんぱく質が多く含まれており、たまねぎやにんじんにはビタミンやミネラルが豊富に含まれているので、栄養バランスも良いです。ご飯の上にのせて食べると、ご飯も美味しくいただけます。

使いこなしのヒント

いろいろな情報を提示してくれる

ここでは「献立を考えて」とお願いしましたが、メニュー名だけでなく、作り方も紹介してくれています。このようにChatGPTでは、必ずではありませんが、関連する情報も同時に回答してくれる場合があります。

ここに注意

今回の回答例では、「照り焼き丼」といいつつ卵でとじた親子丼の作り方を回答しています。このように、回答をよく読むと矛盾している部分があることに気づくことがあります。ChatGPTの回答はしっかり検証する必要があります。

3 買い物リストを作ってもらう

続けて以下のように質問を入力する

DK 足りないものがあれば買い物リストを作ってください。

チキン照り焼き丼を作るために必要な食材は揃っているようですね。もし、今後同じような状況で他の料理を作る場合に備えて、一般的に必要とされる食材をリストアップします。

- 塩・こしょう
- 醤油
- みりん
- 砂糖
- 酢
- 料理酒
- ごま油
- サラダ油
- 小麦粉
- 片栗粉
- 卵

<中略>

これらの食材は、様々な料理に使われる基本的なものです。今後の買い物リストとして参考にしてください。

使いこなしのヒント
柔軟に回答してくる

ここでは、手元の材料を提示して献立を考えてもらっているので、基本的には足りない食材はないはずです。しかし、ChatGPTは「足りない食材はありません」と無下に答えることなく、レッスンの例のように柔軟な回答をしてくれます。高度なAIらしい対応と言えるでしょう。

使いこなしのヒント
別のアイデアを出してもらうには

提示された献立が気に入らなかったときは、代わりに「別の献立を考えて」と質問してみましょう。同じ材料を使った別の献立が提案されるはずです。

まとめ ChatGPTで発想を変える

自分ひとりで考えていると、煮詰まって良いアイデアが出てこなくなることがあります。毎日の献立などは、まさにそうした一例です。そこで活用したいのがChatGPTです。自分とはまったく違う考え方でアイデアを提示してくれるため、発想を転換することができます。

レッスン

20 間違えやすい問題を解いてもらおう

情報の整理

複雑で、間違えやすい問題をChatGPTに解いてもらいましょう。段階的に問題を解いてもらったり、表にまとめてもらったりすることで、人間に理解しやすいように問題を整理することができます。

1 ひっかけ問題を質問する

以下の質問を入力する

DK 3人の客がホテルに泊まることになりました。宿泊料は1室3万円で1人1万円ずつをフロントに支払いました。しかし、フロントは部屋の料金を間違えていました。宿泊代金は1室2万5000円だったのです。 そこでフロントは5000円を3人に返金しようと思いましたが、5000円だと3人で割り切れないのでこっそり2000円を自分のポケットに入れ、残りの3000円を客に返しました。 この場合、客は1人9000円で合計2万7000円支払ったことになり、そこにフロントがくすねた2000円を足すと2万9000円になります。 残りの1000円はどこに消えたのでしょうか。

この問題は、金額の計算に関する誤解や紛らわしさによるものです。実際には、客は合計で2万7000円を支払い、フロントがくすねた2000円を足すと、合計で2万9000円になるはずです。

キーワード

回答	P.152
質問	P.153
プロンプトエンジニアリング	P.155

使いこなしのヒント

有名なひっかけ問題

ここで提示した例は、「消えた1000円」などで知られる有名なひっかけ問題です。問題文中に、回答者を惑わすための意味のない文章が紛れ込んでいることで、回答を間違えてしまうことがあります。自分でも回答を少し考えてみましょう。

使いこなしのヒント

計算もできる

ChatGPTは、計算問題を解くこともできます。たとえば、「x^2+5x+4を因数分解してください」や「(3x-1)^2を微分してください」といった問題にも回答することができます。ただし、回答を間違えることもあるので注意が必要です。

● 回答の続き

したがって、残りの1000円は存在しないわけではありません。金額の計算には注意が必要であり、正確な計算を行うことが重要です。

2 段階的に質問する

続けて以下のように質問を入力する

DK 段階的に考えてみてください。

もちろんです。問題を段階的に分解して考えてみましょう。

1. 最初に、3人の客が1室3万円で宿泊することになりました。1人あたりの料金は1万円です。つまり、合計で3人 × 1万円/人 = 3万円が支払われました。

2. しかし、後で分かったことですが、正しい部屋の料金は2万5000円でした。したがって、フロントは3人に対して返金をする必要がありました。

3. フロントは5000円を返金することに決めましたが、3人で均等に分配することはできませんでした。そこで、フロントは2000円を自分のポケットに入れ、残りの3000円を客に返しました。

使いこなしのヒント

日本語でも計算をお願いできる

ChatGPTで計算を扱うときは、「+」や「-」「×」「÷」などの記号を使うこともできますが、日本語で聞くこともできます。たとえば、「ルート4は何ですか？」「3の3乗はいくつですか？」と聞くこともできます。もちろん、乗算に「^」記号を使ったり、「SQRT(4)」のようにExcelの関数を使ったりすることもできます。これらを自由に組み合わせて計算させることができます。

使いこなしのヒント

回答は合っていることも間違っていることもある

ChatGPTは回答がその時々で変わるため、質問のタイミングによって、回答が正しい場合もあれば、間違っている場合もあります。ただし、ここでは回答の正否は、あまり重要ではありません。どのような質問で、問題を整理するかが重要です。

使いこなしのヒント

はじめから段階的な思考をする場合もある

場合によっては、はじめの回答で段階的に回答してくれる場合もあります。その場合、重ねて「段階的に考えてみましょう」と入力すると、別の回答を提示します。場合によっては、はじめは合っていたのに、間違った回答になることもあります。

次のページに続く ➡

● 回答の続き

4. したがって、各客は1000円ずつ返金を受けました。つまり、3人 × 1000円/人 = 3,000円が返金されたことになります。

5. したがって、客たちが支払った金額に、フロントがくすねた2000円を足して、返金された3000円を引いた合計は、以下のようになります。
3万円 - 3,000円 + 2,000円 = 2万9000円

6. 以上の計算により、客たちが支払った金額と、実際に受け取った返金を含めた金額が一致することが確認されます。

7. したがって、残りの1000円は、返金された金額の一部であり、正しく処理されたことが分かります。

このように、問題を段階的に分解することで、どのような処理が行われたかを明確に理解することができます。

使いこなしのヒント

プロンプトエンジニアリングの手法

ここで紹介した「段階的に考えてください」はプロンプトエンジニアリングと呼ばれる有名な質問方法のひとつです。詳しくは5章レッスン34で紹介します。

使いこなしのヒント

ChatGPTの回答を決める2つの要素

ChatGPTは、大きく2つの要素によって回答が変化します。ひとつはタイミングです。毎回回答が変わるようになっているので、聞くタイミングによって回答が変わります。もうひとつは聞き方です。質問の仕方によって、回答が変わってきます。この章で、いろいろな聞き方を紹介しましたので、実際にChatGPTに質問するときの参考にしましょう。

まとめ　情報の整理に活用しよう

人間にとって、理解しにくい問題や勘違いしやすい問題に出会ったら、ChatGPTに情報の整理をお願いするといいでしょう。「段階的に考えてみましょう」や「表にまとめてください」などの方法を使うことで、わかりやすくなります。複雑な問題を、どのように理解しやすい形にすればいいかという「やり方」を覚えましょう。

スキルアップ

表にまとめることもできる

「表にまとめて」とお願いすると、情報を整理して表にまとめてくれます。どのような表が出力されるかは、質問の仕方やタイミングによって異なります。標準では、金額の流れを時系列に整理した表が出力されることが多いかもしれませんが、以下のように項目を指定して表を出力してもらうこともできます。

DK 以下のように表にまとめてください。
列：ホテル、客、フロント
行：収入、支出

● 標準の状態で出力される表の例

手順	処理内容	実際の金額
1	3人が泊まる部屋の宿泊料金	3万円
	1人あたりの料金	1万円
	合計支払われた金額	3万円
2	正しい部屋の料金	2万5000円
3	返金する金額	5000円
	返金される人数	3人
	フロントがくすねた金額	2000円
4	返金される金額	1000円/人
	返金される人数	3人
	合計返金される金額	3,000円
5	実際に支払われた金額	3万円 - 3,000円 + 2,000円 = 2万9000円
6	支払われた金額と返金された金額が一致することを確認	
7	残りの1000円は、返金された金額の一部であることを確認	

● まとめ方を指示した表の例

	収入	支出
ホテル	2万5000円	-
客	3万円	2万7000円
フロント	-	2万9000円

この章のまとめ

アドバイスとして活用しよう

ChatGPTは、基本的にどんなことでも質問すれば答えてくれます。しかし、その内容は正しいとは限りません。このため、回答をどう使うかがとても重要になります。この章では、おおまかな概要をつかんだり、発想を変えたり、情報を整理したりするためにChatGPTを活用する例を紹介しました。このように、ChatGPTの回答は、あくまでもアドバイスであることを忘れずに使うことが大切です。身近な相談相手としてChatGPTを活用しましょう。

DK 段階的に考えてみてください。

もちろんです。問題を段階的に分解して考えてみましょう。

1. 最初に、3人の客が1室3万円で宿泊することになりました。1人あたりの料金は1万円です。つまり、合計で3人 × 1万円/人 = 3万円が支払われました。

回答が必ずしも正しいとは限らない

ChatGPTでも間違えることがあるんですね……。なんだか心配になってきたなあ。

ChatGPTは何でも答えてくれますけど、全てが正しい答えとは限りません。AIがどれだけ発達しても、最後に判断するのは人間なんですよ。回答をどう使うかを考えて、便利に活用していきましょう。

質問を重ねていくと、回答も具体的になっていきますね。アドバイスだと思って参考にします！

そうですね、ChatGPTは何回も質問に答えてくれるので、良い答えが得られなかったら重ねて質問してみましょう。最初に出た答えを見て「これで全部」と思わないことが重要です！

活用編

第4章

ChatGPTでシミュレーションするには

ChatGPTに、「誰か」になりきって回答してもらいましょう。ChatGPTに役割を伝えることで、まるで専門家に相談するかのように対話できます。雑談、創作活動、業務補助、学習、訓練など、さまざまなシーンで活用できます。

レッスン

21 Introduction この章で学ぶこと ChatGPTに役割を演じさせよう

ChatGPTに、より正確に回答してもらいたいときは、ChatGPTに「役割」を与えるといいでしょう。「あなたは英語の先生です」のように、明確に役割を指示するのが確実ですが、「○○をしたいと思います」のように、あなたがやりたいことを伝えることで、ChatGPTがそれに適した会話をしてくれるようになります。

ChatGPTは何にだってなれる?

この章はシミュレーション……?
何だかちょっと難しそうですね。

いやいや、全然簡単ですよ。ChatGPTは役割を指示すると、その役になりきって答えてくれるんです。早速、いろいろ試してみましょう。

関西人になってもらおう

ChatGPTは多彩な知識をデータとして持っています。まずは関西人になって、お好み焼きをアピールしてもらいましょう。関西弁で答えてもらうこともできますよ。

DK 関西人になりきってお好み焼きのよさを教えてください。

はい、よろしくお願いします。関西人の私がお好み焼きについて語りますね。

まず、お好み焼きは、日本の関西地方で生まれた郷土料理です。鉄板の上で野菜、肉、海鮮類、そして生地を混ぜて焼き上げる料理で、とてもボリューミーでヘルシーな食べ物です。お好み焼きの魅力は、自分でトッピングを選べることや、出来立てをその場で食べることができることです。

お好み焼きには、大阪スタイルと広島スタイルの2つがあります。大阪

関西人になりきるという役割を指示する

メールの文面を作ってもらう

ChatGPTが得意なのは、メールなどの下書きを作ること。どんな内容にしたいかを指示すると、それを盛り込んだ文面を作ってくれます。ニュアンスを足す方法も紹介しますよ。

これ、便利ですね！　内容を少し調整すれば、そのままメールの文面にできそうです！

DK 取引先からの見積書の金額が高すぎるので、断りのメールを送りたいと思います。丁寧に断るためのメールの本文を考えてください。

以下は、取引先からの見積書の金額が高すぎるため、断りのメールを送るための一例です。

件名：見積金額について

こちらの意図をくんだメールの文面を作ってもらう

英会話の先生になってもらおう

ChatGPTは先生にもなれます。英会話の専任講師になってもらって、マンツーマンでレッスンを受けましょう。英語だけで会話をしたあと、単語帳や問題集も作れます。

す、すごい！　オンライン英会話の授業を受けてるみたいです。これで英語力アップできるかも！

DK 今までの会話の中で私が苦手な単語やフレーズ、間違っているポイント、私が知っていた方がいい単語などをテーブル形式の単語帳にしてまとめてください。 カラム：単語,例文,意味

はい、わかりました。以下は、今回の会話で出てきた単語とフレーズのリストです。

単語	例文	意味
conversa-tional	Let's practice conversational English.	会話の

英語で会話をした後に復習用の教材も作ってくれる

レッスン

22 関西弁で答えてもらおう

キャラクターを演じる

旅先で名物を探すときに、地元をよく知っている人に話を聞くことがよくあります。これと同じように、ChatGPTにキャラクターを与えて、その立場から回答してもらいましょう。与えた立場の文脈で回答してくれるようになります。

1 関西人としてアドバイスをしてもらう

以下の質問を入力する

DK 関西人になりきってお好み焼きのよさを教えてください。

はい、よろしくお願いします。関西人の私がお好み焼きについて語りますね。

まず、お好み焼きは、日本の関西地方で生まれた郷土料理です。鉄板の上で野菜、肉、海鮮類、そして生地を混ぜて焼き上げる料理で、とてもボリューミーでヘルシーな食べ物です。お好み焼きの魅力は、自分でトッピングを選べることや、出来立てをその場で食べることができることです。

お好み焼きには、大阪スタイルと広島スタイルの2つがあります。大阪スタイルは、生地と具材を混ぜ合わせて焼くのに対して、広島スタイルは、生地を薄く広げて焼き、その上に具材をのせるスタイルです。どちらも美味しいので、好みに合わせて選ぶといいですね。

キーワード

スキルアップ

アニメや小説の世界にも入れる

好きなアニメや小説があるなら、そのキャラクターを役割として与えるのも面白い使い方です。作品名やキャラクター名を与えることで、そのキャラクターになりきって回答してくれます。ただし、ChatGPTが知っている情報は限られているため、世界的に有名で、かつ2021年以前の作品でないと正確に演じることはできません。

使いこなしのヒント

はじめから関西弁で答えることもある

環境によっては、「関西人になりきって」とお願いした時点で、関西弁で回答することもあります。その場合は、話し方を指定せずに、その地方に関連する別の質問をしてみましょう。

2 関西弁で話してもらおう

続けて以下のように質問を入力する

DK 関西弁で説明してください。

おおきに!関西の出身で、お好み焼きのことについて語るでぇ。

まず、お好み焼きは、関西で生まれた郷土料理やでぇ。鉄板の上に野菜や肉、海鮮類と生地をミックスして焼いたもんやねん。ボリューミーでええ食べ物やし、ヘルシーでもあるでぇ。

お好み焼きのええところは、トッピングを自分で選べることや、出来立てを食べられることやでぇ。

お好み焼さには、大阪スタイルと広島スタイルの2つがあって、大阪スタイルは生地と具材を混ぜて焼くけど、広島スタイルは生地を薄くして焼いて、その上に具材をのせるやつやねん。どっちも美味しいから、好みに合わせて選んどいてや。

あと、お好み焼きには、ソースとマヨネーズが欠かせへんねん。ソースは、ウスターソースをベースにして甘辛いタレやねん。マヨネーズは、生地との相性がええし、食欲をそそる味わいなんやでぇ。

使いこなしのヒント
実用的な役割の与え方

ここではキャラクターを設定していますが、ChatGPTの機能を役割として与えることもできます。たとえば、文章を要約してほしいときに「あなたは優秀な記者です」と指定したり、献立を考えてもらうときに「あなたは有名なイタリアンの料理人です」などのように質問に一文加えたりすることで、回答の正確性を高めることができます。

使いこなしのヒント
誇張されている

ChatGPTに役割を与えると、「やりすぎ」と思えるほどに誇張された表現をすることがあります。キャラクターを演じさせる場合は、自然さがなくなる点には注意が必要です。

まとめ 役割設定は重要な質問テクニックのひとつ

このレッスンで与えている役割(Role)は、ChatGPTの内部的な機能パラメーターを左右する重要な要素のひとつです。会話の前提となる状況や背景を設定することで、質問者の意図に沿った回答を引き出すことができます。ある程度、会話の範囲を絞り込みたいときに活用するといいでしょう。

レッスン

23 季語を元に俳句を作ってもらおう

創作補助

ChatGPTを創作活動に活用してみましょう。ここでは季語をいくつかピックアップしてもらい、その季語を使って俳句を考えてもらいます。アイデアや刺激をもらうためのツールとして活用できるでしょう。

1 季語をピックアップする

以下の質問を入力する

DK 俳句を作ろうと思います。4月の少し暑い日、川沿いに散る桜をイメージできる季語を5つ教えてください。

素敵な詩作りのお手伝いができて嬉しいです! 4月の少し暑い日、川沿いに散る桜をイメージできる季語の例を挙げますね。

1. 満開 (mankai) - 桜が一斉に花を咲かせる様子を表します。
2. 散る (chiru) - 桜が花びらを散らす様子を表します。
3. 川柳 (senryu) - 春の季語としても使われる、川沿いに生える柳の木を表します。
4. 涼風 (ryoufu) - 昼間は暑いけれども、吹く風が涼しさを運んでくる様子を表します。
5. 霞 (kasumi) - 桜の花びらが散り、川面に舞い上がった花びらの集合体を表します。

これらの季語を使って、美しい俳句を作ってくださいね!

キーワード

ここに注意

ChatGPTを創作活動に使うときは、出力結果が第三者の作品に似ていないかを慎重に調べる必要があります。そのまま使うのではなく、あくまでもアイデアとして活用することが大切です。

使いこなしのヒント

数字で指定することもできる

ChatGPTが回答を数字付きの箇条書きで示したときは、「2.で俳句を考えてみてください」のように数字を指定して会話を続けることもできます。

2 俳句を作ってもらう

続けて以下のように質問を入力する

DK 涼風はいい季語ですね。涼風ではじまる俳句を考えてみてください。川沿いを夫婦が歩いている風景に当てはめてみてください。

素敵なお題をありがとうございます!涼風を使った俳句を考えてみました。

涼風や　夫婦手をとり　歩く川沿い

(ryoufuu ya, fuufu te wo tori, aruku kawazoi)

この俳句では、夫婦が手をとりながら川沿いを歩く姿を、涼しい風と共に描きました。春の暑さが厳しい日に、ふたりで一緒に自然に触れながら歩く光景をイメージしています。

使いこなしのヒント

評価してもらえる

自分が作った俳句を評価してもらうこともできます。例えば、以下のように入力すると、修正案などが提示されます。自分の作品を客観的に見直したり、反対的な立場から修正したりできます。

DK 次の俳句を批評し、直したほうがいいところを指摘してください。
俳句：涼風や夫婦手をとり歩く川沿い

まとめ いろいろな創作活動に活用できる

ここでは俳句を考えてもらいましたが、同様に設定を与えて小説を考えてもらったり、ビジネスシーンを指定してプレゼンテーション資料のアウトラインを考えてもらったりすることもできます。

スキルアップ

文字数を指定するには

ChatGPTは英語に最適化されているため、日本的な俳句ではなく、英語の「haiku」的な発想で作品を作る傾向があります。このため、以下のように「5文字、7文字、5文字で作り直してください」とすることで、日本的な俳句に近づけることができます。思い通りになるまで、何度も修正してもらいましょう。

かしこまりました。以下は5文字、7文字、5文字の形式に修正した俳句です。

涼風や　夫婦手をとりて　歩く河辺

(ryoufuu ya, fuufu te wo torite, aruku kawabe)

1 手順2の回答に続けて「5文字、7文字、5文字で作り直してください。」と質問する

最後が6文字になった

レッスン

24 メールの文面を作らせよう

テンプレート作成

普段の生活やビジネスシーンで、やり取りするメールの本文を何度も書き直した経験がある人も少なくないことでしょう。ChatGPTを使えば、状況を指定することで、書き方が悩ましいメールの本文を考えてもらうことができます。

1 状況を伝えてメールの文面を作ってもらう

以下の質問を入力する

DK 取引先からの見積書の金額が高すぎるので、断りのメールを送りたいと思います。丁寧に断るためのメールの本文を考えてください。

以下は、取引先からの見積書の金額が高すぎるため、断りのメールを送るための一例です。

件名：見積金額について

拝啓　時下ますますご清祥のこととお慶び申し上げます。

この度は、貴社からご提出いただきました見積書について、大変ありがたく存じます。

しかしながら、弊社の予算には合致せず、今回はご縁を頂戴いたしましたが、この度は誠に恐縮ですが、この見積書についてはお断りせざるを得ない状況でございます。

キーワード

使いこなしのヒント

状況を丁寧に説明しよう

自分の意向に沿った文章を作ってもらうには、どのような状況なのか、相手に何を伝えたいのかをChatGPTに明確に指示する必要があります。なるべく丁寧に指示を作成しましょう。

使いこなしのヒント

ビジネスシーンでの活用は始まっている

大手企業が全社導入を決めるなど、ChatGPTは、こうしたビジネス文書の作成などに、すでに実際に活用されています。業務効率化を補助するツールとして積極的に活用すべきでしょう。

● 回答の続き

今後もご縁を大切にしてまいりたく、何かございましたら、お気軽にご連絡くださいませ。

敬具

[お名前]

2 細かいニュアンスを加える

続けて以下のように質問を入力する

DK 金額が高いことをはっきりと書かず、何となく金額が高いことが理由であることがうかがえるような本文にしてください。

以下は、取引先からの見積書の金額が高すぎるため、断りのメールを送るための一例です。金額が高いことをはっきりと書かず、何となく金額が高いことが理由であることがうかがえるような本文になっています。

件名：見積金額について

拝啓　時下ますますご清祥のこととお慶び申し上げます。

この度は、貴社からご提出いただきました見積書について、誠にありがとうございます。

使いこなしのヒント

指示を重ねることで改変していく

このレッスンで紹介しているように、ChatGPTでは、最初に提示された案に指示を重ねることで、回答を改善していくことができます。回答の欠点や修正点を指摘しながら、次第に回答をブラッシュアップしていきましょう。

使いこなしのヒント

遠まわしな表現は苦手

ChatGPTは、海外の文章を多く学習しているため、日本的な「遠まわし」な表現は苦手なことがあります。こうした微妙な表現が必要な場合は、人間の手による加筆修正が必要です。

次のページに続く

● 回答の続き

大変恐縮ではございますが、この度は弊社の予算に合わないため、今回の見積書については申し訳ございませんが、ご容赦いただけますようお願い申し上げます。

今後とも何かございましたら、お気軽にご連絡くださいませ。

敬具

[お名前]

3 フォローする文章を付け加える

続けて以下のように質問を入力する

DK 今後も取引は積極的に続けていきたいという気持ちを付け加えてください。

以下は、取引先からの見積書の金額が高すぎるため、断りのメールを送るための一例です。金額が高いことをはっきりと書かず、何となく金額が高いことが理由であることがうかがえるような本文に、今後も取引を積極的に続けていきたい旨を追加しました。

件名：見積金額について

拝啓　時下ますますご清祥のこととお慶び申し上げます。

使いこなしのヒント

気兼ねなく何度でもリクエストしよう

いろいろな要求をするのに気が引けてしまうかもしれませんが、相手はAIなので、気兼ねなく、何度でも、どんな要求でも、納得できるまで繰り返してかまいません。

使いこなしのヒント

ビジネスシーンでの利用は問題ない?

ChatGPTで出力された文章は商用利用が可能です。ただし、出力が機械的だと相手に与える印象が悪くなります。必ず、結果を推敲して、手を加えてから利用しましょう。また、企業によっては、ChatGPTなどの生成AIの用途を限定したり、禁止事項を設定したりしている場合もあります。組織のルールを確認して使いましょう。

使いこなしのヒント

ほかにどんな使い方があるの?

ここではメールの文章を考えてもらいましたが、報告書などのテンプレートとして利用したり、広報活動のためのSNSの投稿メッセージを考えてもらったりと、いろいろな使い方ができます。

DK 社用車で交通事故を起こしました。報告書のテンプレートを作ってください。

社用車での交通事故の報告書のテンプレートを以下に示します。

[報告書のタイトル: 交通事故報告書]

[日付]

[報告者の氏名]

[組織名または部署名]

報告書のテンプレートも具体的に作成できる

● 回答の続き

この度は、貴社からご提出いただきました見積書について、誠にありがとうございます。

大変恐縮ではございますが、この度は弊社の予算に合わないため、今回の見積書については申し訳ございませんが、ご容赦いただけますようお願い申し上げます。

ただし、弊社と貴社の取引につきましては、これまで築いてきた信頼と良好な関係を大切にしておりますことをお伝えいたします。今後も引き続き貴社との取引を積極的に続けていきたく存じます。

何かございましたら、お気軽にご連絡くださいませ。

敬具

[お名前]

使いこなしのヒント

Excelなどのテンプレートは出力できないの?

ChatGPTはテキストベースのサービスになります。このため、ExcelやWordのテンプレートを出力することはできません。請求書や見積書などのテンプレートが必要な場合は、Web検索で探しましょう。

まとめ 気乗りしない作業を代行してもらおう

メールなどの文書を作るとき、どうしても気分が乗らず、筆が進まないことがあります。こうしたシーンでこそChatGPTを活用してみましょう。悩ましい文章も淡々と生成してくれるので、何時間も悩む必要がありません。ただし、回答は機械的なので、そのまま使うのではなく、必ず手を入れてから使いましょう。

レッスン

25 英会話の先生になってもらおう

英会話

ChatGPTを語学学習に活用してみましょう。「英語の先生になってください」とお願いすることで、英語で会話の練習をすることができます。学習結果をまとめたり、練習問題を考えてもらったりすることもできます。

キーワード

AI	P.150
Markdown形式	P.151
カラム	P.153

1 英語のみの英会話を依頼する

以下の質問を入力する

DK 英語の先生になってください。一緒に英会話をしましょう。会話は私が終了というまで続けてください。これ以降、あなたは英語だけを使って会話してください。

Sure, I'd be happy to be your English teacher and practice conversational English with you. Let's begin!

How are you today?

2 英語で会話を続ける

DK I'm fine.And you?

I'm doing well, thanks for asking. So, let's get started. What topics are you interested in discussing today?

スキルアップ

いろいろな言語で使える

ここでは英語にしましたが、中国語やアラビア語など、さまざまな言語を指定することもできます。ただし、英語以外の言語を入力するには、パソコンの入力方式の設定が必要です。対応する言語を入力できるようにしておきましょう。

使いこなしのヒント

わからないときは訳してもらおう

ChatGPTの出力がわからないときは、「日本語に訳してください」と入力することで、日本語訳を表示することができます。

● 会話の続き

DK	About dog and cat.
	Great! Do you prefer dogs or cats? Or do you like both?
DK	I prefer dogs.
	That's great! What kind of dogs do you like? Do you have a favorite breed?
DK	I have my dog. He is Shih Tzu.
	Oh, a Shih Tzu! They're such cute dogs. How old is your Shih Tzu? And what's his name?
DK	He is 7 yeaes old. His mane is Moff.
	Moff sounds like a lovely name for a Shih Tzu! How did you come up with that name? And what does he like to do?
DK	My daughter named his name, cause his hair was very fluffy. He likes eat snack.
	That's so sweet that your daughter named him! And it's funny that Moff likes to eat snacks. Does he have a favorite snack?

使いこなしのヒント

しばらく会話を続けよう

本書の例では、この後、ChatGPTに会話の内容を評価してもらったり、問題を作ってもらったりします。このため、何度か英語での会話をしておく必要があります。間違ってもかまわないので、英語で質問したり、回答したりしておきましょう。

使いこなしのヒント

学べるのはリーディングとライティングのみ

英語の学習と言っても、ChatGPTで学べるのはテキストをベースにしたリーディングとライティングのみです。音声を使うことはできないので、発音などの練習はできません。

次のページに続く➡

● 会話の続き

ChatGPT	Also, have you ever had any other pets besides Moff? Or is he your first pet?
DK	His favorite snack is sweet potato. And I used to have a cat.
ChatGPT	Sweet potato is a healthy snack for dogs, and it's great to hear that Moff enjoys it. And you used to have a cat, that's interesting. What was your cat like? Did you have any unique experiences with him or her?
DK	My cat was Japanese bob tail. She was very storong, so she had won dogs somotimes.
ChatGPT	Wow, it sounds like your cat was very brave to stand up to dogs! It's interesting that you had a Japanese bobtail cat. They're known for their short tails and unique personalities. Did your cat have any special habits or talents? Also, do you think dogs and cats can coexist peacefully? Or do you think they always have to be kept separate?
DK	終了

使いこなしのヒント

AI相手なので気にせず学習しよう

相手はAIなので、間違えたり、勘違いした回答をしたりしても恥ずかしく思う必要はありません。むしろ、積極的に難しい表現に挑戦したり、自分の考えを表現するための努力をしたりする方が学習には役立ちます。積極的に活用しましょう。

使いこなしのヒント

「終了」のコマンドを決めておこう

ここでは会話のはじめに「終了」と入力することで、会話を終えることを指定しています。このように、ある役割を演じてもらうときは、終了のコマンドをあらかじめ決めておく必要があります。

● 会話の続き

Alright, that sounds good. If you have any more questions in the future, don't hesitate to ask. It was nice talking with you today!

3 単語帳を作ってもらう

続けて以下のように質問を入力する

DK 今までの会話の中で私が苦手な単語やフレーズ間違っているポイント、私が知っていた方がいい単語などをテーブル形式の単語帳にしてまとめてください。 カラム：単語,例文,意味

はい、わかりました。以下は、今回の会話で出てきた単語とフレーズのリストです。

単語	例文	意味
conversa-tional	Let's practice conversational English.	会話の
breed	What's your favorite dog breed?	犬種
Shih Tzu	He has a Shih Tzu named Moff.	シーズー
fluffy	His name is Moff because his hair was very fluffy.	ふわふわした
snack	Moff likes to eat sweet potato snacks.	おやつ
Japanese bobtail	I used to have a Japanese bobtail cat.	日本のボブテイル
coexist	With proper training, dogs and cats can coexist peacefully.	共存する

使いこなしのヒント
「カラム：単語,例文,意味」って何?

手順3で入力している「カラム：単語,例文,意味」は、作成する表の列の要素を指定するための指示です。表を作成してもらうときは、このように列の情報をあらかじめ指定することで、自分が欲しい情報を的確に表にしてもらうことができます。

使いこなしのヒント
表をExcelに貼り付けられる?

ChatGPTが出力する表は、Markdownという書式で作られています。このため、Markdownに対応していないExcelなどに、そのまま貼り付けることはできません。

次のページに続く➡

● 回答の続き

以上の単語が、今回の会話で出てきた単語とフレーズです。もしあなたがこれらの単語をもっと学びたい場合は、それぞれの単語を検索することができます。私が何か他にお手伝いできることがあれば、遠慮なくお知らせください。

4 穴埋め問題を作ってもらう

続けて以下のように質問を入力する

DK この単語帳から、英文の穴埋め問題を3つ作ってください。

はい、英文の穴埋め問題を3つ作りました。それぞれの問題には、上で挙げた単語を含めたいくつかのヒントが含まれています。どうぞ挑戦してみてください。

問題1:
My neighbor has a __________ named Max. Max is a __________ dog with curly hair. He loves to eat __________, especially carrots and apples.

ヒント: breed, fluffy, snack

使いこなしのヒント
問題の作成もできる

ChatGPTは、与えられた条件からさまざまな問題を作ることができます。例えば、「連立方程式の計算問題を3問作ってください」のようにすることで数学の問題を作ったり、「国会の衆議院と参議院の違いを問うための問題を考えてください」とすることで社会の問題を作ったりすることもできます。

使いこなしのヒント
表を入力するには

ChatGPTに表を入力したいときは以下のようにMarkdown形式で表を入力します。このようにすることで、表について質問したりすることができます。

DK |好きな色|人数|

きいろ	7
あお	3
合計	10

● 回答の続き

問題2:
I've always wanted to have a ___________. They're known for their short tails and unique personalities. I think it would be interesting to see how they ___________ with my dog.

ヒント: Japanese bobtail, coexist

問題3:
In my English class, we practice ___________ English by having conversations about different topics. Today, we talked about dogs and cats. My teacher asked me if I prefer ___________, and I said I like dogs. She told me that with proper training and socialization, dogs and cats can ___________ peacefully in the same household.

ヒント: conversational, dogs, coexist

使いこなしのヒント

問題をコピーするには

問題をコピーしたいときは、回答欄の右上に表示されるコピーボタンを使います。Wordなどの別のアプリに貼り付けて問題として活用できます。

ここをクリックすると回答をすべてコピーできる

まとめ 会話の発展的な活用ができる

ここでは英語学習を例にしましたが、ChatGPTでは、それまでの会話の流れを考慮して、表などに情報をまとめたり、問題の形に情報の表現を変えたりできます。このように、単に会話するだけでなく、その情報を発展的に使えることこそChatGPTの強みとなります。さまざまな活用方法が考えられるので、いろいろ試してみましょう。

スキルアップ

穴埋め問題に回答するには

問題に答えるときは、どの問題に対する答えなのかがわかるように入力する必要があります。右の画面のように「問題1 ○○」と問題番号と答えをスペースで区切って入力したり、ChatGPTの問題文と同じように「問題1：○○」とコロンで区切ったりしましょう。問題ごとに改行して、問題1 ～ 3の解答を分けておくことも大切です。

DK 問題1　bread fluffy snack
問題2　Japanese bobtail coexisiting
問題3　conversational　dogs coexisiting

回答はスペース区切りで記入して、問題ごとに改行する

素晴らしいです!正解です!あなたは問題を正しく解答しました。これらの問題を通じて、単語とフレーズの使い方をより理解することができましたか?もしご質問や疑問があれば、どうぞお知らせください。お手伝いできることがありますよ。

レッスン

26 面接官になってもらおう

シミュレーション

ChatGPTを相手に、実践を想定した会話の練習をしてみましょう。ここでは、アルバイトの面接官になってもらって、事前にどのような質問がされるのかを確認したり、どのように答えればいいのかを練習したりしてみます。

1 書籍の編集長になってもらう

以下の質問を入力する

DK あなたはコンピューター書籍を扱う編集部の編集長です。私は編集部で働きたいアルバイト候補者です。あなたから私に3つ質問をして、編集部で働く適正があるかどうかを確認してください。

はい、承知しました。以下に3つの質問を用意いたしました。お答えください。

1. コンピューターや技術に興味を持っていますか?
2. プログラミング言語やコンピューターソフトウェアについて、どの程度知識を持っていますか?
3. コンピューターやIT関連の書籍を読んだことがありますか?どのような本を読んだことがありますか?

使いこなしのヒント

シーンを具体的に設定しよう

ChatGPTで会話をシミュレーションするには、できる限りシーンを具体的に設定しておく必要があります。ChatGPTが、どのような組織の誰で、どのような役割を担っていて、どうふるまうべきなのかを細かく指定しておきましょう。

使いこなしのヒント

1問1答方式で会話するには

ここでは、3つまとめて質問して答える方式にしていますが、実際の面接のように会話を繰り返しながら発展させていきたい場合は、質問の以下の部分を変更してみましょう。

DK 「あなたから私に3つ質問をして」

DK 「あなたから私に1つずつ質問を繰り返しながら会話を発展させて」

2 面接を受ける側として回答する

以下のように回答を入力する

DK 1.コンピューターは好きで、子どものころから親しんでいます。
2.プログラミング言語が数種類あるのは知っていますが、コードを書いたことはありません。コンピューターソフトウェアは、ExcelとWordが使えます。
3.ExcelやWordの入門書を読んだことがあります。

ありがとうございます。以下のようにお答えいただけますか?

1. コンピューターに興味があり、親しんでいるとのことで、編集部で働くには適していると思います。コンピューター関連の書籍を扱う仕事ですので、このような興味関心は非常に重要です。

2. プログラミング言語の知識はないようですが、それ以外のコンピューターソフトウェアに関する知識を持っているとのことで、編集業務には十分な能力があると思われます。ただし、将来的にはプログラミング言語の知識も必要になる場合がありますので、関心があれば学習することをお勧めします。

使いこなしのヒント

面接官の立場でも活用できる

ここでは、応募者の立場で回答していますが、この内容を面接官の立場で活用することもできます。どのような質問をすると、どのような回答が考えられるのかを想定できるので、あらかじめ質問項目を検討する際に参考にするといいでしょう。

使いこなしのヒント

ディスカッションなどに応用できる

ChatGPTとの対話的なやり取りは、模擬面接だけでなく、ディスカッションなどにも応用できます。例えば、以下のようにお願いすると、その理由を述べたり、意見に対して反論したりしてくれます。ただし、ChatGPTはディスカッションに強いので、対等に議論するには知識が求められます。

DK ディスカッションしましょう。
あなたは選挙権の18才以下への引き下げに反対の立場で、私は賛成の立場です。
私を説得してください

次のページに続く

● 回答の続き

3. 入門書を読んだことがあるとのことで、編集部での仕事には役立つ知識があると思われます。ただし、コンピューターやIT関連の書籍の範囲は非常に広く、より専門的な知識や情報を扱う書籍もありますので、興味があれば幅広い分野の書籍を読んで、知識を深めることをお勧めします。

以上のように、現時点でのあなたの能力や興味関心からは、編集部でのアルバイトに十分適していると考えます。

3 スキルを身につける方法を聞く

以下の質問を入力する

編集業務に必要なスキルを身に付けるにはどのような訓練をすればいいですか？

編集業務に必要なスキルには、文章の校正・編集や、出版物の企画・編集・制作に関する知識が含まれます。以下に、それぞれのスキルについて身に着けるための訓練方法をご紹介します。

1. 文章の校正・編集に必要なスキル
- 編集に関する基本知識を学ぶ：編集に必要な基本用語や、文法・表現の正しい使い方などを学ぶことができます。書籍やWebサイトなどで学習することができます。

使いこなしのヒント
もっと質問してほしいときは

もっと質問してほしいときは、手順4の前に、「もっと質問してください」とお願いしてみましょう。他の質問も考えてもらうことができます。

使いこなしのヒント
事前になにをすべきかも検討できる

例のように、面接の会話のシミュレーションだけでなく、その会話から、最終的な目的を達成するために、具体的にどのような知識や行動が必要なのかを聞き出すこともできます。面接の準備に活用するといいでしょう。

● 回答の続き

- 実践的な編集スキルを身に着ける：編集の現場での実務経験が一番効果的ですが、まずは友人や知人から原稿をもらって、文章の添削や編集を練習してみることができます。また、編集に関する講座やセミナーに参加することもおすすめです。

2. 出版物の企画・編集・制作に必要なスキル
- 出版物に関する基本知識を学ぶ：出版に関する基本用語や、出版社の仕組みや業界動向などを学ぶことができます。書籍やWebサイト、セミナーなどがあります。
- 編集・制作の流れを学ぶ:出版物の企画、編集、制作に関する基本的な流れや、それぞれの工程での役割や必要なスキルなどを学ぶことができます。編集者や制作担当者との実践的な研修や、書籍やWebサイトでの学習があります。
- デザインやDTPのスキルを身に着ける：出版物のデザインやDTPに関する基本的なスキルを身に着けることが重要です。IllustratorやInDesignなどのソフトウェアの使い方を学ぶ研修や、書籍やWebサイトなどでの学習があります。

以上のように、編集業務に必要なスキルを身に着けるには、基本的な知識を学び、実践的な練習をすることが大切です。また、出版業界の動向についても常に注意を払い、自己研鑽を続けることが必要です。

使いこなしのヒント

実際の募集状況などの検索は苦手

ChatGPTは、2021年以前の情報は持っていないため、「編集部のアルバイト先を紹介して」などと、具体的な人材募集情報などを検索しても、正しい募集情報を回答することはできません。

まとめ

ChatGPTで想定内にしておこう

ChatGPTを、いろいろな会話相手に指定すると、事前にさまざまなシーンの会話を体験することができます。いざというときに、想定外の会話に慌てずに済むように、ChatGPTでシミュレーションしておくといいでしょう。

この章のまとめ

高度なシミュレーター

ChatGPTに、役割とシーンを説明すると、特定の内容についての会話をすることができます。この章で解説したように、特定の地域の情報に絞り込んだり、与えたテーマで創作活動させたり、特定の内容の文章を作成したり、特定の言語で会話をしたり、特定の状況をシミュレーションしたりできます。しかも、単に役割を演じるだけでなく、その会話から情報をまとめたり、話題を発展させたりすることもできます。ChatGPTは、単なるチャットロボットではなく、さまざまな用途に活用できる高度なシミュレーターとも言えるでしょう。

DK 編集業務に必要なスキルを身に付けるにはどのような訓練をすればいいですか?

編集業務に必要なスキルには、文章の校正・編集や、出版物の企画・編集・制作に関する知識が含まれます。以下に、それぞれのスキルについて身に着けるための訓練方法をご紹介します。

単なる自動応答ではなく、役割を持たせてさまざまな用途に活用できる

役割を指示するだけで、回答ががらっと変わるんですね。他にもいろいろ使えそうです。

そうですね。この章では簡単な例のみを紹介しましたが、会話を続けて情報をまとめたり、話題になった事柄を深く掘り下げたりといったこともできます。ChatGPTにどんどん、話題を振ってみるといいですよ。

英会話がすごく良かったです！　人と話しているみたいだけど、実際はAIなので緊張せずに続けられそうです♪

そうそう、そこがまさにChatGPTのいいところなんです。対話型AIなので会話が得意で、しかも英語のデータを豊富に持っていますからね。英会話に慣れたら、他の言語にもぜひ挑戦してみてください。

活用編

第5章

さらに高度な操作を試すには

ChatGPTに、もう少し、複雑な質問をしてみましょう。この章では、コードやコマンドなどの技術的な回答をしてもらう方法やOfficeとの連携など、技術的な回答をしてもらう方法を紹介します。また、ChatGPTでは、質問の仕方を工夫することで、さまざまな回答を引き出すことができることが知られています。こうした「プロンプトエンジニアリング」と呼ばれる手法についても解説します。

レッスン 27 Introduction この章で学ぶこと

複雑な質問をしてみよう

ChatGPTは、専門的な分野での活用も進んでいる対話型AIです。プログラミングなど、専門知識を持った知人にアドバイスを求めるときと同じようにChatGPTを活用してみましょう。ただし、複雑な質問をするときは「質問の仕方」がとても重要です。そのコツとなる「プロンプトエンジニアリング」についても学びましょう。

ChatGPTの本当の力を引き出そう

この章で最後かあ……。ChatGPTを楽しく使ってきたので、さびしいですね。

ふふふ。確かに最後の章ですが、ようやくChatGPTの真の実力を発揮する時がきました！　この章では、プログラミングやExcel関数など、複雑な内容を質問しますよ。

プログラミングをしてもらおう

ChatGPTの登場で、大きく変わったのはプログラミングの世界かもしれません。プログラミング言語を指定して、作りたい内容を伝えるだけでコードを作ってくれるんです。

```
def calculate_zodiac(year):
    zodiacs = ['子', '丑', '寅', '卯', '辰', '巳', '午',
'未', '申', '酉', '戌', '亥']
    start_year = 1924  # 甲子年の開始年

    # 干支を計算する
    index = (year - start_year) % 12
    zodiac = zodiacs[index]
    return zodiac

# 生まれた年を入力して干支を求める
```

指定したプログラミング言語に合わせてコードを瞬時に表示してくれる

Excelの関数もお手のもの！

仕事にもどんどん使いましょう。Excelで予算達成・未達を簡単に表示できる表を作ってもらいます。IF関数を使うのですが、ChatGPTはすぐに教えてくれますよ。

回答をそのままExcelのセルに貼り付けて使えるんですね。すごく便利です！

DK Excelで、A列の金額とB列の金額を比べて、B列の方が大きい場合はC列に「達成」、小さい場合はC列に「未達」、20%以上小さいときは「要注意」と表示したいです。利用できる関数を教えてください。

以下の手順で実現できます。

1. C列の1行目に「判定」という見出しを入力します。
2. C2セルに以下の式を入力し、Enterキーを押します。

IF関数を入れ子状態にした数式をすぐに作ってくれる

最後の切り札、プロンプトエンジニアリング

そして最後に、ChatGPTの実力を引き出すプロンプトエンジニアリングの考え方を説明します。簡単な例で紹介しますので、ぜひマスターしてください。

ChatGPTの回答の精度がどんどん上がっていく……！これ絶対、覚えなくちゃ！

DK 下記の例のように支払金額を計算してください。
###252円のバナナを買ったところ端数を値引きしてくれました。支払金額はいくらでしょうか？
支払金額:252円のバナナ1個は252×1=252円です。値引額は合計額の端数なのでmod(252円,10)=2円です。よって、252円（合計額）-2円（割引額）=250円が支払い金額です。
###ある商店で300円の卵と436円のチーズ3個を買ったところ端数を値引きしてくれました。支払金額はいくらでしょうか？
支払金額:

正しい答えを引き出す質問の方法をマスターしよう

レッスン

28 プログラミングに活用しよう

コード作成の補助

ChatGPTをプログラミングのサポートや学習にも役立ててみましょう。パソコンでプログラミング環境を準備する方法はもちろんのこと、具体的なコードを教えてもらうこともできます。簡単なプログラムを作ってみましょう。

1 Pythonを実行する方法を聞く

以下の質問を入力する

DK Windows 11でPythonを実行するための方法を教えて。

Windows 11でPythonを実行するためには、以下の手順に従うことができます。

1. Pythonのインストール:
　最初に、Windows 11にPythonをインストールする必要があります。Pythonの公式ウェブサイト（https://www.python.org）から最新のPythonバージョンをダウンロードし、インストールします。インストーラを実行し、指示に従ってPythonをインストールします。インストーラでは、Pythonのバージョンを選択できる場合がありますが、最新のバージョンをおすすめします。

キーワード

API	P.150
Google Colaboratory	P.150
Python	P.151

用語解説

Python

Pythonは、シンプルで初心者でも学習しやすいプログラミング言語です。その一方で、高度な利用も可能で、AIの分野で使われることが多い言語となっています。

使いこなしのヒント

Microsoft Storeからインストールできる

ChatGPTは、Python公式サイトからのインストール方法を回答しましたが、PythonはMicrosoft Storeからもインストールできます。Microsoft Storeからインストールした場合は、パスの設定は自動的に実行されます。

使いこなしのヒント

APIの使い方も聞ける

ChatGPTには外部から利用可能なAPIが用意されています。本書でも付録で簡単な使い方を紹介していますが、もちろんChatGPTに使い方を聞くこともできます。「ChatGPTのAPIの使い方を教えて」と質問してみましょう。

● 回答の続き

2. PATHの設定:

インストールが完了したら、システムの環境変数にPythonの実行可能ファイルへのパスを追加する必要があります。以下の手順に従って設定します。

-「Windowsキー + X」を押してメニューを開き、「システム」を選択します。
- システム画面の左下にある「システム情報」をクリックします。
-「システムの詳細設定」をクリックします。
-「詳細設定」タブの下部にある「環境変数」ボタンをクリックします。
-「システム変数」のセクションで、「Path」を選択し、編集をクリックします。
-「新規(N)」をクリックし、Pythonのインストールディレクトリのパス(通常はC:¥PythonXX)を追加します。注意:XXはインストールしたPythonのバージョンに対応します。例えばPython 3.9をインストールした場合、C:¥Python39を追加します。
- 設定を保存し、ウィンドウを閉じます。

3. Pythonの実行の確認:

インストールとPATHの設定が完了したら、Pythonが正しく動作するか確認するためにコマンドプロンプトを開きます。

使いこなしのヒント

いろいろな言語に対応している

ここではPythonのコードを質問しましたが、他の言語のコードを質問することもできます。例えば、このレッスンの例に続けて「JavaScriptでの記述方法を教えて」と入力すると、同じプログラムをJavaScriptで記述する方法が表示されます。

使いこなしのヒント

GUIで実行できないの?

GUIを使ったプログラムの例を教えてもらうこともできます。続けて「GUIで表示する方法を教えて」と入力してみましょう。

用語解説

GUI

「GUI」はGraphical User Interfaceの略で、コンピューターの操作に必要な対象やコマンドなどを表すために、アイコン、ボタンなどの画像を用いることで、人間が直感的に理解できるようにした操作系統です。対して、「copy」などの文字ベースのコマンドを使って操作する体系をCUI(Character User Interface)と呼びます。

次のページに続く ➡

● 回答の続き

- 「Windowsキー + R」を押して、実行ウィンドウを開きます。
- 「cmd」と入力して、Enterキーを押します。
- コマンドプロンプトが開いたら、「python」と入力して、Enterキーを押します。

Pythonの対話型シェルが起動すれば、Pythonが正常にインストールされています。

以上の手順に従えば、Windows 11でPythonを実行することができます。Pythonの実行可能ファイルへのパスが正しく設定されていることを確認してください。

2 実際のコードを聞いてみる

続けて以下のように質問を入力する

DK 生まれた年から干支を答えるPythonのプログラムを教えて。

以下は、生まれた年から干支を答えるPythonのプログラムの例です。

使いこなしのヒント
必ず動くとは限らない

ChatGPTで出力されたコードは、必ず実行できるとは限りません。あまり複雑なプログラムになると、環境に依存したり、プログラムの修正や追加などが必要になったりする場合があります。まずは、シンプルなプログラムを試してみましょう。

使いこなしのヒント
シンプルなコードをお願いしよう

どうしても、複雑なプログラムを作りたい場合は、すべてを一度にお願いするのではなく、プログラム全体を処理ごとに分割し、それぞれのパートごとにコードの生成を依頼しましょう。

● 回答の続き

```
def calculate_zodiac(year):
    zodiacs = ['子', '丑', '寅', '卯',
'辰', '巳', '午', '未', '申', '酉', '戌',
'亥']
    start_year = 1924  # 甲子年の開始年

    # 干支を計算する
    index = (year - start_year) % 12
    zodiac = zodiacs[index]
    return zodiac

# 生まれた年を入力して干支を求める
birth_year = int(input("生まれた年を入力し
てください: "))
zodiac = calculate_zodiac(birth_year)
print("あなたの干支は", zodiac, "です。")
```

このプログラムでは、1924年を甲子年として、入力された年から干支を計算しています。ユーザーに生まれた年を入力してもらい、その年の干支を求めて表示します。

例えば、ユーザーが1990年と入力した場合、出力は以下のようになります。

```
生まれた年を入力してください: 1990
あなたの干支は 申 です。
```

この例では、1990年は申年であるため、「あなたの干支は 申 です。」と表示されます。

使いこなしのヒント

既存のコードを別の言語で書き換えることもできる

「下記のJavaコードをPythonに書き直して」のように、既存のコードを入力し別の言語に書き換えてもらうこともできます。Webページなどに掲載されているサンプルを活用しつつ、自分の環境に合わせたコードを出力したいときなどに便利です。

使いこなしのヒント

エラー処理なども依頼できる

エラー訂正処理なども含めたいときは、「入力された年が数字かどうかのチェックもして。エラーの場合は入力に戻して」と質問に追加することで、入力された値を確認する処理を追加することもできます。

使いこなしのヒント

ドキュメントを生成できる

プログラムの生成後、「ドキュメントを生成して」と入力すると、引数や戻り値の説明、使用例などを記述した文章を生成してくれます。プログラムの「Readme.txt」ファイルなどとして添付することができます。

次のページに続く ➡

3 Google Colaboratoryでの実行方法を聞く

続けて以下のように質問を入力する

DK Google Colaboratoryでの実行方法を教えて。

Google Colaboratoryは、ブラウザ上でPythonコードを実行できるクラウドベースのJupyterノートブック環境です。以下にGoogle Colaboratoryでの実行方法の手順を示します。

1. ブラウザでGoogle Colaboratoryを開く:
   Google Chromeなどのブラウザで、Google Colaboratory（https://colab.research.google.com）にアクセスします。

2. 新しいノートブックを作成:
   ページが読み込まれると、新しいノートブックが作成されます。もし新しいノートブックが自動的に作成されない場合は、「ファイル」メニューから「新しいノートブック」を選択します。

3. コードセルの作成と実行:
   ノートブックのコードセルにPythonコードを記述します。新しいコードセルを作成するには、「+コード」ボタンをクリックするか、キーボードショートカット「Ctrl+M」の後に「B」を押します。

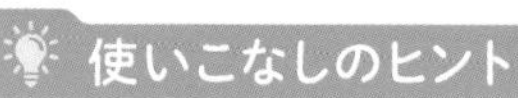

コードの説明もできる

コードを入力して説明してもらうこともできます。社内で前任者が作成したコードやマクロなどが、何をしているものなのかを判断したいときなどにも活用できます。

使いこなしのヒント

Windowsで実行するには

Windowsで実行したいときは、92ページの手順1でChatGPTが提示した方法、もしくは以下の公式サイトを参考にパソコンにPythonの実行環境を用意します。その後、ChatGPTが提示したコードを「eto.py」などのファイルに保存し、ターミナルからファイルを保存したフォルダーに移動してから、「python eto.py」と入力して実行します。

▼Python公式サイト
https://www.python.org/downloads/windows/

● 回答の続き

4. コードの実行:

コードセルにPythonコードを記述したら、セルを実行する方法はいくつかあります。

- セルの左側にある再生ボタン（ ）をクリックします。

- セルを選択し、「ランタイム」メニューから「セルの実行」を選択します。

- セルを選択し、キーボードショートカット「Shift+Enter」を押します。

コードが実行されると、セルの下に出力が表示されます。

5. 追加のセルの作成と実行:

必要に応じて、追加のコードセルを作成し、上記の手順を繰り返してコードを記述・実行します。

Google Colaboratoryでは、Pythonの実行だけでなく、ライブラリのインストールやデータの読み込みなども行うことができます。また、セッションが終了しても作業内容は保存されます。

スキルアップ

コードを実行するには

Google Colaboratoryは、Pythonを使ったコードの記述や実行をクラウド上で実行できるサービスです。以下のサイトからGoogleアカウントでサインインすれば、無料ですぐに利用できます。新しいノートブックを作成し、コードを貼り付けてから、実行ボタンをクリックしましょう。しばらくすると、プログラムが実行され、結果が表示されます。

▼Google Colaboratory
https://colab.research.google.com/?hl=ja

Webサイト上でコードを実行できる

28 コード作成の補助

まとめ

プログラミングを体験できる

ChatGPTを利用すると、プログラミングの知識がなくても簡単なプログラムを作ることができます。ここでは生まれ年から干支を出力するプログラムを紹介しましたが、質問次第でいろいろなプログラムを生成できます。例えば「BMIを計算するPythonのプログラムを教えて」とか「入力した文字列を暗号化するPythonのコードを教えて」とか、やりたいことを言葉で入力するだけでコードを出力できます。プログラミングの入門や学習に活用してみましょう。

レッスン

29 Officeと連携させよう

Office連携

ChatGPTをOfficeと連携させてみましょう。中でも便利なのは、Excelとの連携です。Excelではたくさんの関数が使えますが、やりたいことを言葉で伝えるだけで、関数の使い方を教えてくれます。

1 ExcelのIF関数の書き方を聞いてみよう

以下の質問を入力する

DK Excelで、A列の金額とB列の金額を比べて、B列の方が大きい場合はC列に「達成」、小さい場合はC列に「未達」、20%以上小さいときは「要注意」と表示したいです。利用できる関数を教えてください。

以下の手順で実現できます。

1. C列の1行目に「判定」という見出しを入力します。
2. C2セルに以下の式を入力し、Enterキーを押します。

```
=IF(B2>=A2,"達成",IF(B2>=A2*0.8,
"要注意","未達"))
```

3. C2セルを選択し、下にドラッグしてC列全体に式をコピーします。

キーワード

IF関数	P.151
LAMBDA関数	P.151
マクロ	P.155

使いこなしのヒント

なるべく具体的に指示しよう

関数について質問するときは、「A列」や「C1セル」など、実際の表で使っている情報を具体的に指示することが大切です。曖昧な質問をすると、出力された関数を自分で追記・修正しなければならない場合があります。

使いこなしのヒント

関数を書き換えてもらうこともできる

ここでは、複数のIFを使った関数の例を紹介しましたが、同じことはIFS関数を使って表現することもできます。ChatGPTに「IFS関数を使って書き換えてください」とお願いして、どのように書き換えればいいのかを教えてもらいましょう。

● 回答の続き

この式では、まずB列の値がA列の値以上かどうかを判断し、そうであれば「達成」と表示します。そうでない場合は、B列の値がA列の値の80%以上かどうかを判断し、「要注意」と表示するか、それ以外の場合は「未達」と表示します。

2 Excelの表で試してみよう

回答結果をExcelに反映する

1 「判定」と入力

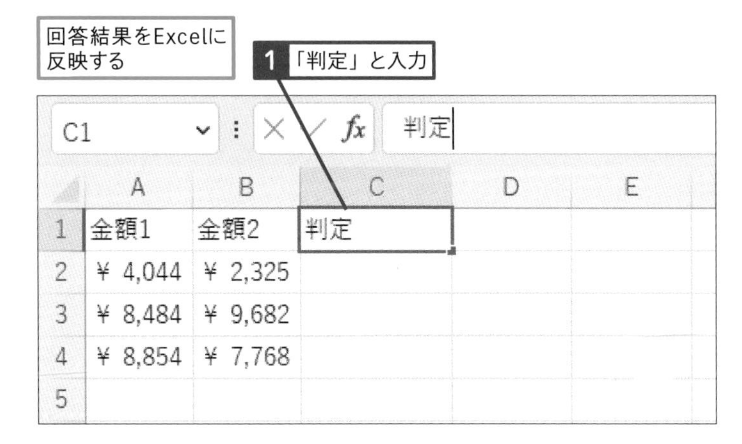

2 「=IF(B2>=A2,"達成",IF(B2>=A2*0.8,"要注意","未達"))」と入力

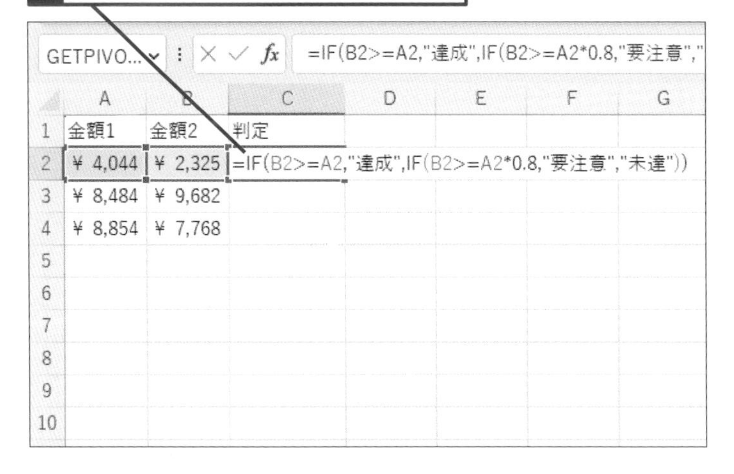

使いこなしのヒント

Excelのアドインもある

マイクロソフトでは、ExcelにChatGPTの機能を組み込むことができるアドインも提供しています（2023年6月時点ではベータ版）。詳しくは付録4を参照してください。

使いこなしのヒント

コードをコピーするには

ChatGPTの回答にコードが含まれる場合は、黒くなっているコードブロックの右上に表示されている［Copy code］をクリックすることで表示内容をコピーできます。

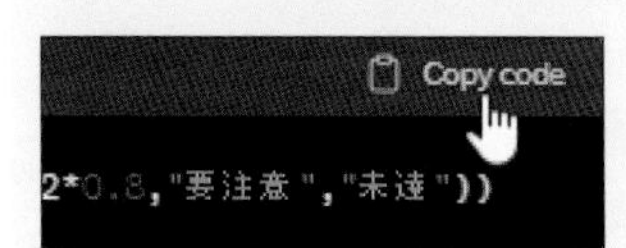

Webサイト上でコードを実行できる

使いこなしのヒント

PowerPointでも使える

ChatGPTは、PowerPointで資料を作るときにも活用できます。例えば、「温暖化対策について3枚のスライドのアウトラインを作成してください」などと入力すると、おおまかなスライドの内容を提案してくれます。

次のページに続く➡

3 条件式を下のセルに反映する

「未達」と表示された

下のセルに数式をコピーする

1 セルC2をクリック

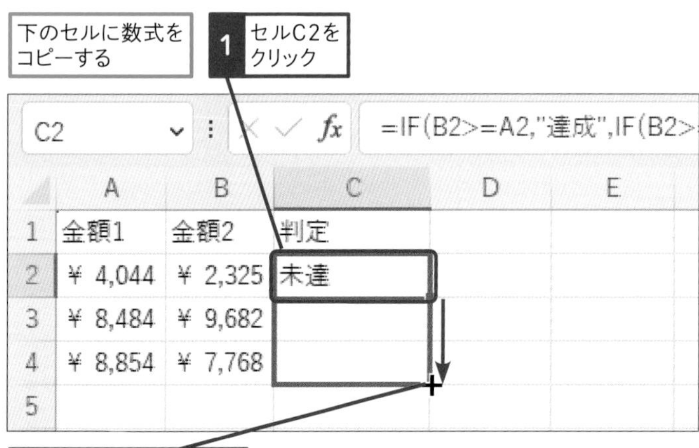

2 フィルハンドルを下にドラッグ

C2 =IF(B2>=A2,"達成",IF(B2>

	A	B	C	D	E
1	金額1	金額2	判定		
2	¥ 4,044	¥ 2,325	未達		
3	¥ 8,484	¥ 9,682	達成		
4	¥ 8,854	¥ 7,768	要注意		
5					

数式がコピーされて結果が表示された

使いこなしのヒント

Wordで使うには

WordでChatGPTを使う場合は、文章のひな形の作成や要約、校正などに使うといいでしょう。たとえば、「電子帳簿保存法について200文字で説明して」などと質問して、報告書などに活用できます。

使いこなしのヒント

マクロも教えてもらえる

複雑な処理をするときは、関数よりもマクロを使った方が効率的な場合があります。ChatGPTでは、関数だけでなく、マクロについても教えてくれるので、同様にやりたいことを具体的に指示して質問してみましょう。本書の例を「マクロに書き換えてください」として書き換えてもらうこともできます。

4 関数の意味を聞いてみよう

続けて以下のように質問を入力する

DK 次の関数の意味を教えてください。
LAMBDA(YEAR, TEXT(DATE(year, 11, CHOOSE(WEEKDAY(DATE(year, 11, 1)), 26, 25, 24, 23, 22, 28, 27)), "mm/dd/yyyy")

この関数は、指定された年の11月の最終週の日付を返すためのカスタム関数です。まず、関数は「YEAR」という引数を受け取ります。

関数の内部では、まず指定された年と11月の1日を基にして日付を作成します。次に、11月1日の曜日を取得し、その結果に基づいて最終週の日付を選択します。曜日によって対応する日付が異なります。最終的に、指定された年と選択された日付を使って最終週の日付を作成し、それを「mm/dd/yyyy」の形式に変換します。

この関数を使用すると、例えば`=LAMBDA(2023)`というように呼び出すことで、2023年の11月の最終週の日付を取得できます。

この関数はLAMBDA関数を利用して作られており、プログラミングの概念を活用して柔軟な処理を実現しています。

使いこなしのヒント
関連する操作を追加で質問できる

本書の例で、判定が「未達」だった場合に文字を赤くしたい場合、その方法もChatGPTに聞くことができます。続けて「『未達』の場合に文字を赤くする方法を教えてください」と入力してみましょう。条件付き書式設定の使い方を紹介してくれるはずです。

用語解説
LAMBDA関数

「LAMBDA」は、Excelで利用できる関数です。ユーザーが定義した処理を実行するためのオリジナルの関数を作成することができます。具体的には、変数として与えた数をあらかじめ定めていた方法で計算し、その結果を返します。

まとめ 高度な知識がなくても大丈夫

Officeを使った作業で悩んだら、とりあえずChatGPTに質問してみましょう。関数やマクロ、アイデアの提案など、さまざまな悩みに答えてくれます。日々の作業のスピードアップに役立つことでしょう。

レッスン

30 Windowsのコマンドを実行しよう

コマンドプロンプト

パソコンのメンテナンスやカスタマイズで困った経験はありませんか？　ChatGPTがあれば、専門的な知識や難しいコマンドがわからなくても心配ありません。知りたいことややりたいことを実現するコマンドなどもすぐに教えてくれます。

キーワード

1 複雑なコマンドを質問する

以下の質問を入力する

DK Windows 10でWi-Fiの電波状態を表示するためのコマンドを教えてください。

Windows 10でWi-Fiの電波状態を表示するには、コマンドプロンプトまたはPowerShellを使って、次のコマンドを実行します。

```
netsh wlan show interfaces
```

このコマンドを実行すると、現在接続しているWi-Fiインターフェースの状態が表示されます。表示される情報には、接続状態、SSID、BSSID、信号強度、速度、セキュリティ設定などが含まれます。

使いこなしのヒント

設定も質問できる

コマンドだけでなく、設定方法を教えてもらうこともできます。例えば、「Windows 11でWi-Fiの接続先を編集する方法を教えて」と質問すると、どこをクリックして、どうやって設定すればいいのかが具体的に表示されます。

スキルアップ

コマンドプロンプトとは

コマンドプロンプトは、Windowsで各種コマンドを実行するための機能です。GUI操作では提供されていない特殊なコマンドを実行するときに使います。

```
コマンド プロンプト
Microsoft Windows [Version 10.0.19042.1706]
(c) Microsoft Corporation. All rights reserved.

C:¥Users¥ogiue>
```

Windowsをコマンドで操作できる

活用編 第5章 さらに高度な操作を試すには

2 コマンドプロンプトの起動方法を質問する

続けて以下のように
質問を入力する

DK コマンドプロンプトの起動方法を教えてください。

Windows 10でコマンドプロンプトを起動するには、次の手順に従ってください。

1.「スタート」ボタンをクリックします。
2. 検索ボックスに「cmd」と入力します。
3. 検索結果から「コマンド プロンプト」をクリックします。

または、以下のショートカットキーを使用します。

1.「Windowsキー + R」を押します。
2.「実行」ダイアログボックスに「cmd」と入力し、「Enter」キーを押します。

いずれの方法でも、コマンドプロンプトが開きます。

使いこなしのヒント

OSのバージョンを指定しよう

Windowsはバージョンによって、プログラムの起動方法や各種設定画面の表示方法が異なる場合があります。正確に教えてもらうには「Windows 10」や「Windows 11」などのバージョンを質問に含めるようにしましょう。

使いこなしのヒント

複数の方法が提示される場合がある

Windowsの設定は、いろいろな方法で起動できるため、このレッスンの回答のようにChatGPTによって複数の方法が示されることがあります。

使いこなしのヒント

PowerShellもある

Windowsには、コマンドを実行するための環境が2つあります。ひとつが古くからあるコマンドプロンプト、もう一つが現在の主流となっているPowerShellです。PowerShellの方が高機能ですが、コマンドの中にはどちらかの環境でしか使えないものもあります。

次のページに続く

3 コマンドプロンプトを確認する

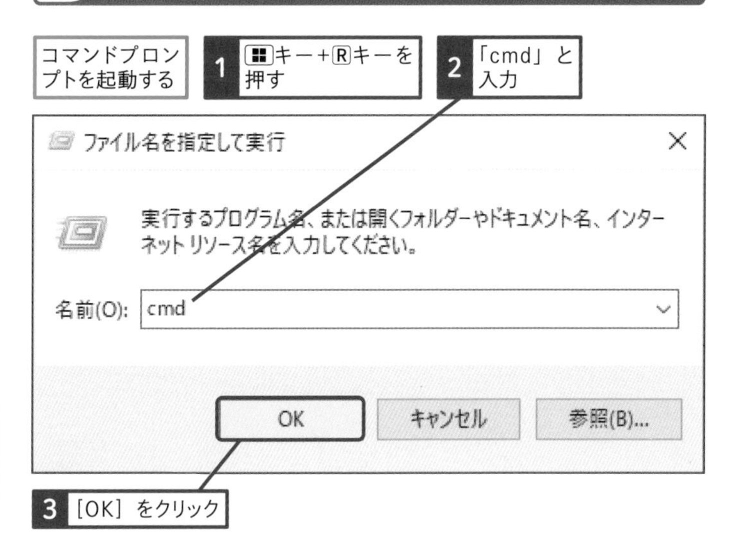

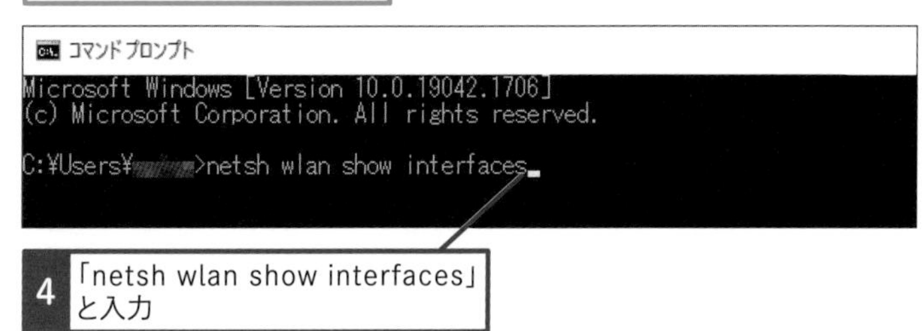

使いこなしのヒント
PowerShellが起動したときは

PowerShellが起動したときは、「cmd」と入力することで、コマンドプロンプトを起動できます。

使いこなしのヒント
エラーが発生したときは

「次のコマンドは見つかりませんでした」と表示されたときは、入力したコマンドのスペルが間違っている可能性があります。また、パソコンにWi-Fiが搭載されていない場合、コマンドを実行しても結果が表示されません。もちろん、エラーの原因や対処方法をChatGPTに質問してもかまいません。

使いこなしのヒント
速度や電波状態が表示される

このコマンドを実行すると、接続されているWi-Fiの速度や電波状況が表示されます。「受信速度」が下りの速度、「送信速度」が上りの速度、シグナルが電波状態です。

4 別のOSのコマンドを聞いてみる

続けて以下のように質問を入力する

Windows 11でも同じコマンドが使えますか。

はい、Windows 11でも同じコマンドが使用できます。Windows 11では、コマンドプロンプトの起動方法もWindows 10と同様です。

1. 「スタート」ボタンをクリックします。
2. 検索ボックスに「cmd」と入力します。
3. 検索結果から「コマンド プロンプト」をクリックします。

または、以下のショートカットキーを使用します。

1. 「Windowsキー + R」を押します。
2. 「実行」ダイアログボックスに「cmd」と入力し、「Enter」キーを押します。

これらの方法でコマンドプロンプトを起動し、同じコマンドを使用してWi-Fiの電波状態を表示することができます。

使いこなしのヒント

別のOSの方法も答えてくれる

ここではWindowsでの方法を紹介しましたが、「Linux」など別のOSの方法を聞くこともできます。ただし、Linuxの場合、ディストリビューションによってコマンドが異なる場合があるので注意が必要です。

まとめ たまにしか使わないコマンドを覚えずに済む

「あのコマンド何だっけ？」、などとあまり使わないコマンドや操作を忘れてしまうことも少なくないでしょう。ChatGPTがあれば、そもそもこうしたコマンドを覚える必要はありません。やりたいことを入力すればコマンドが表示されるので、誰でも高度な設定や管理ができるようになります。

レッスン
31 口コミの分析をしよう

ユーザー分析と改善案

SNSの投稿の分析にChatGPTを活用してみましょう。自社の評判や自分へのメッセージなどが、どのような感情で書かれたものなのか、どのように対処すればいいのかを客観的に判断することができます。

キーワード

SNS	P.151
回答	P.152
質問	P.153

1 投稿内容を判断してもらう

以下の質問を入力する

DK 次の口コミ投稿を分析してください。 投稿: 予約して利用。 半個室風?だけど、すだれで区切ってあるだけ。 運が悪く、隣が8人ぐらいのママ友ランチ会をやっていて、大声でうるさくて(たぶんお酒を飲まれていた)、すだれで区切ってあるだけなので、会話も丸聞こえだし、うるさいし、食事を楽しむことができなかった。 良いお店と紹介されて利用したが、残念だった。 お肉の味は普通だった。

この口コミ投稿は、あるレストランの半個室風の席を予約して利用した際の感想を述べたものです。

まず、投稿者はすだれで区切られた半個室風の席があり、それを利用したことを述べています。ただし、隣にうるさいママ友ランチ会がいて、その音が丸聞こえで食事を楽しむことができなかったとのことです。また、お肉の味については普通だったと述べています。

使いこなしのヒント

分析対象を明確に指定しよう

ChatGPTに対象となる文章などを提示するときは、その範囲を明確に示す必要があります。本書の例では、「投稿:」と見出しに続けて入力しています。もしも複数のメッセージを分析させるなら、メッセージごとに「投稿:」と見出しを付けたり、「''' メッセージ内容'''」のようにメッセージごとに区切って、ChatGPTに対して対象を示す方が正確に判断してもらえます。

使いこなしのヒント

より端的に感情を分析させるには

より端的に感情を分析させたいときは、質問文の冒頭を「次の口コミ投稿を感情分析してください。」のように変えてください。「分析」ではなく、「感情分析」と入力することで、特徴的な文章を抜き出して「怒り」や「悲しみ」などのタグで表現することができます。

● 回答の続き

この口コミ投稿は、レストランの半個室風の席についての情報を提供していますが、隣の客のうるささについても言及しています。また、お肉の味についても感想を述べています。これらの情報を元にすると、このレストランはある程度のプライバシーを確保できる半個室風の席を提供しているようですが、隣の客がうるさかったため、静かな食事を楽しむことができなかったようです。また、お肉の味については普通だったとのことです。

2 投稿者の感情を分析する

続けて以下のように質問を入力する

DK 投稿者の感情を分析してください。

この口コミ投稿からは、投稿者がレストランの半個室風の席については期待していたようですが、隣のママ友ランチ会のうるささによって、食事を楽しむことができなかったため、残念な気持ちを抱いていることがわかります。また、お肉の味については普通だったという感想を述べていますが、それ以上に隣の客のうるささがストレスとなっていることから、イライラしている可能性があります。総合的に見ると、投稿者はこのレストランの体験に不満を持っているように見えます。

使いこなしのヒント

メールなどでも活用できる

ここではSNSの投稿を例にしていますが、メールなどの文章も分析できます。相手がどのような感情でメールを送信し、何を求めているのかなどを冷静に判断してもらうことができます。

使いこなしのヒント

数値的な判断をさせるのは難しい

このレッスンの例のような定性的な情報を、数値などの定量的な判断材料にするのは困難です。例えば、「投稿者が再び来店する確率を0 ～ 100%で示してください」と質問しても、明確な数値は示されません。さらに多くの判断材料を提示したり、コメントとリピート率の関係をまとめた事例を提示したりして、判断させる必要があります。

次のページに続く ➡

3 改善点を聞いてみる

続けて以下のように
質問を入力する

DK お店として改善すべき点は何でしょうか?

この口コミ投稿からは、以下のようなお店として改善すべき点が示唆されています。

1. 隣接する席の距離や仕切りに配慮する必要がある。投稿者はすだれで区切られた半個室風の席に座っていたが、隣がうるさいママ友ランチ会だったため、会話が丸聞こえで食事を楽しむことができなかった。お店は、隣接する席の距離や仕切りについて、より配慮が必要であると考えられます。

2. 騒音対策が必要である。投稿者がうるさく感じたママ友ランチ会が、お酒を飲みながら楽しんでいたために、周囲の客に不快な思いをさせてしまったと考えられます。お店は、騒音対策を十分に考慮することが必要です。

3. 食事の品質について改善が必要である。投稿者は、お肉の味について普通だったと述べています。お店は、メニューや食材の選定、調理法、盛り付けなど、さまざまな点で食事の品質について改善することが必要です。

上記の点を改善することによって、お店はより良い顧客体験を提供できるようになると考えられます。

使いこなしのヒント

より現実的な課題として捉えるには

口コミ情報は、匿名の場合が多いため、あまり現実的に感じられない場合があるかもしれません。こうしたシーンでもChatGPTは役立ちます。例えば、「投稿者のペルソナを創造してください」とお願いしてみましょう。すると、架空の名前や年齢、職業、趣味などを想定した投稿者の姿を作ってもらうことができます。架空とは言え、名前や年齢などの情報が見えてくることで、現実的な課題として捉えやすくなります。

使いこなしのヒント

質問を絞り込むことも大切

口コミ情報などには、複数の要因が含まれている場合があります。例えば、今回の例では、騒音と料理の品質についての2つの課題が混在しています。どちらかに絞るのであれば、質問を「お店として騒音対策で改善すべき点は何でしょうか?」のように絞り込んで質問してみましょう。

4 改善する方法を聞いてみる

続けて以下のように
質問を入力する

DK なるべくコストをかけずに改善する方法を教えてください。

コストをかけずに改善する方法をいくつかご提案します。

1. 音響環境の改善: カーテンやパーティションなど、比較的低コストで手に入る騒音対策アイテムを使用して、席の間に仕切りを設けることで隣の騒音を軽減できます。

2. 席の配置の見直し: 騒音が問題となっている席を、他の客との距離が適切になるように配置し直すことで、騒音の影響を最小限に抑えることができます。

3. メニューの改善: 食事の品質に関しては、メニューの改善を検討してください。例えば、食材の選定や調理法の見直し、盛り付けの工夫などを行うことで、より満足度の高い料理を提供できるかもしれません。

これらの改善策は、コストを最小限に抑えながらも、お店の状況を改善することができる方法です。ただし、具体的な改善策を実施する前に、予算や制約事項、お店の状況に応じて十分な検討を行うことをおすすめします。

使いこなしのヒント

アクションにつなげよう

この例のように、ChatGPTでは、情報の分析だけでなく、具体的なアクションの提案もしてくれます。これにより、やるべきことが具体的になり、実際の改善へとつなげることができます。情報を分析だけで終わらせず、アクションにつなげるためにもChatGPTを活用してみましょう。

まとめ 冷静に判断できる

メッセージを分析するときは、冷静な判断が必要になる場合があります。特にネガティブな情報などは、感情的になってしまい、正しく意図を読み取れない場合があります。ChatGPTは、こうした情報の客観的な判断にも役立ちます。感情を分析したり、その対処方法を提案してもらったりすることで、次第に冷静になり、具体的な対策につなげることができるようになります。

レッスン

32 デザインアイデアを出させよう

創作補助

ChatGPTに創作活動を手伝ってもらいましょう。いくつかの条件を与えることで、それに合ったキャラクターや物語、デザインなどのアイデアを提示してもらうことができます。漠然としたイメージを具体的な形にするのに役立ちます。

1 キャラクターデザインのヒントをもらう

以下の質問を入力する

DK 新サービスの新しいキャラクターを作りたいのでアイデアを考えてください。下記の条件を満たすキャラクターの名前を5つ考えてください。
キャラクターの条件:
- 会社の業種は建設業
- 宮大工からはじまる老舗の3代目
- キャラクターのベースはどうぶつ
- 好みの色は黄色
- キャラクターの特徴は夜が苦手
- キャラクターの性格は友だちが多く社交的
- キャラクターは実は異世界の王子

1. ミヤキン：宮大工のネコ科のキャラクター。黄色の体毛と白いハチマキがトレードマーク。社交的で友達が多いが、夜が苦手。
2. クロヒツジ：黒い羊のキャラクターで、建設業に携わる宮大工の3代目。黄色い帽子をかぶっている。社交的だが、夜は苦手。
3. ミヤトリ：宮大工のトリ科のキャラクター。黄色い羽毛と赤い嘴が特徴。友達が多く社交的だが、夜に弱い。

キーワード

使いこなしのヒント
著作権に注意が必要

1章でも解説しましたが、ChatGPTの出力は、既存の作品と似通ってしまう可能性があります。あくまでもアイデアとして活用するのにとどめ、出力をそのまま使うことは避けましょう。出力結果を検索して、他に類似しているものがないかを確認してから使うなどの工夫が重要です。

使いこなしのヒント
条件をしっかり考えよう

アイデアを考えてもらうときは、なるべく多くの情報を与えた方が具体的なイメージに近い回答が得られます。

● 回答の続き

4. クマミヤ：宮大工のクマ科のキャラクターで、建設業の3代目。黄色いマフラーがトレードマーク。社交的で友達が多いが、夜は苦手。
5. ミヤチュウ：宮大工のチュウ科のキャラクター。黄色い体毛と緑の帽子が特徴。社交的で友達が多く、夜が苦手だが、実は異世界の王子である。

2 続けて以下のように質問を入力する

続けて以下のように質問を入力する

DK 1.ミヤキンをイラストにするためのDALL-E2用の英語のプロンプトを教えてください。

Sure, here's a prompt you could use for generating an illustration of Miyakin using DALL-E2:

"Generate an illustration of a yellow-furred cat-like creature wearing a white headband, working in the construction industry as a third-generation carpenter. The character is known as Miyakin and is friendly and sociable, but struggles with nighttime activities. Please depict Miyakin in a construction site setting, perhaps working with tools or building materials."

使いこなしのヒント

DALL・E 2って何？

DALL・E 2は、OpenAIが開発した画像生成AIです。ChatGPTと同様に自然言語を扱うことができるAIですが、出力が言語ではなく画像になります。日本語でも画像を生成できますが、英語の方が正確なので英語で出力してもらう方がいいでしょう。なお、DALL・E 2で画像を生成するにはクレジットが必要になります。無料で生成したい場合は、同じエンジンを使ったBing Image Creatorを使うといいでしょう。

▼DALL・E 2
https://labs.openai.com/

▼Bing Image Creator
https://www.bing.com/create

まとめ アイデアを発展させよう

ChatGPTはアイデアの宝庫です。さまざまな質問に対してアイデアを考えてくれるだけでなく、さらにアイデアを発展させることができます。例えば、ここで得られた回答を元にさらにアイデアを広げることができます。例えば「敵対するキャラクターの名前とプロフィールを考えてください」として新しいキャラクターを作ったり、「ミヤキンの故郷の惑星の名前や生活様式を考えてください」としてキャラクターの背景を深める世界観を作ったりすることもできます。

レッスン

33 プロンプトエンジニアリングとは

AIの性能を引き出す操作

ChatGPTは、質問の仕方次第で、いろいろな回答をしてくれるAIです。このため、どのように質問すればいいかを人間が工夫することで、さらに高度な回答が期待できます。具体的にどのように工夫すればいいのかを見てみましょう。

キーワード

1 ChatGPTの回答の質を高めるには

ChatGPTの回答の質を高める方法は大きく分けて2つあります。ひとつは、特定の分野のサンプルデータを追加学習させることでモデルの精度を高める「ファインチューニング」、もうひとつが現在のモデルのまま質問の仕方を工夫する「プロンプトエンジニアリング」です。ファインチューニングは主に企業向けで技術も費用も必要になるため、ここでは誰でもすぐに実践できるプロンプトエンジニアリングについて解説します。

● ファインチューニング

特定分野でモデルを追加学習、企業向け、技術と費用がかかる

● プロンプトエンジニアリング

段階的に考えてみて。

わかりました。

モデルはそのまま利用、誰でも使える、簡単で費用もかからない

2 プロンプトエンジニアリングを学ぼう

プロンプトエンジニアリングは、一口に言えば「質問の仕方を工夫すること」です。特定のフォーマットを用いたり、特定のキーワードを入れたりと、質問の書き方を変えることで、同じ質問でも異なる手法、異なるタスクとしてChatGPTに処理を認識させることができます。

使いこなしのヒント

著作権に注意が必要

1章でも解説しましたが、ChatGPTの出力は、既存の作品と似通ってしまう可能性があります。あくまでもアイデアとして活用するのにとどめ、出力をそのまま使うことは避けましょう。出力結果を検索して、他に類似しているものがないかを確認してから使うなどの工夫が重要です。

用語解説

プロンプト

「プロンプト」とは、ChatGPTに入力する情報のことです。通常は、ユーザーが入力した質問になりますが、質問だけでなく、その前提となる情報や例などの情報も含みます。

● 質問の仕方を工夫する

金額を計算してください。

質問が曖昧だと回答を引き出しにくい

次の例のように金額を計算してください。
例1・・・・、
例2・・・・

質問を具体的にすると回答の精度が上がる

3 プロンプトエンジニアリングの4つの例

プロンプトエンジニアリングには大きく4つの例が知られています。ほかにも工夫次第でいろいろなことができますが、4つの基本を押さえておくことで、さまざまな活用ができます。

● 明確な指示を出す（Zero-shot）

「〇〇してください」というように明確な指示だけをします。前提となる条件や文脈、欲しい出力の長さ、形式、スタイルなどを明確に示します。

悪い例

DK	詩を書いてください。

良い例

DK	雨の日に読書をしている様子を描いた詩を100文字で書いてください。

使いこなしのヒント

あいまいな表現は避けよう

たとえば、「短く要約してください」や「簡潔にポイントを挙げてください」のような指示は、文の長さやポイントの数があいまいです。「200文字で要約してください」「3つポイントを挙げてください」のように明確に指示することが重要です。

使いこなしのヒント

ほかにもいろいろな方法がある

ChatGPTの回答精度を高める方法は、ほかにもたくさんあります。詳しくは123ページからのQ&Aも参照してください。

次のページに続く ➡

● 例を示す（Few-shot）

答える際に参考になる例を示して、同じパターンで回答してもらいます。与えられた少ない例を参考に学習して答えてくれます。

悪い例

> DK 次の文章からキーワードを抽出してください
> 「ChatGPTは、対話型のAIです。」

良い例

> DK 次の文章からキーワードを抽出してください
> 文章1：OpenAIは、ChatGPTを開発した企業です。
> キーワード：OpenAI、ChatGPT
> 文章2：ChatGPTは、対話型のAIです。
> キーワード：

● 思考の過程を要求する（Chain-of-Thought）

答えにたどり着くまでに段階的な手順を踏む必要がある回答（計算など）の際に、「段階的に考えてください（Let's think step by step）」のように思考の過程を明確にするように要求します。

悪い例

> DK つるとかめが合わせて10匹います。足の数の合計が32本のとき、つるとかめはそれぞれ何匹でしょうか？

良い例

> DK つるとかめが合わせて10匹います。足の数の合計が32本のとき、つるとかめはそれぞれ何匹でしょうか？
> 一歩ずつ段階的に考えてみましょう

使いこなしのヒント

分類などもできる

例を示すFew-shotの方法を活用すると、分類なども可能になります。たとえば、以下のようにすると最後に与えらえた文章がネガティブなのかポジティブなのかを回答してくれます。

> DK 素敵ですね // ポジティブ
> 美しいものだ // ポジティブ
> むごい仕打ちだ // ネガティブ
> ああはなりたくないものだ //

使いこなしのヒント

質問と見出しを合わせる

たとえば、「次の例のように」のように質問で指示するときは、与える候補の見出しにも文章と同じ「例：」という言葉を使うようにしましょう。このようにすることで、ChatGPTは入力された文章のどの部分が質問で、どの部分が例なのかを判断しやすくなります。

使いこなしのヒント

箇条書きを活用しよう

条件や例などを複数与えるときは、先頭に「・」や「-」「1.」などを付けるようにしましょう。ただし、会話の中で使う記号がバラバラにならないようにルールを決めて使うようにしましょう。

● 例を伴う思考の過程（Chain-of-Thought Few-shot）

思考の過程を要求することは同じですが、その思考過程を質問者が例としていくつか提供します。例題を見ながらルールを学習し、その通りに問題を解くイメージです。

悪い例

> DK 111円の鉛筆2本を買ったところ端数を値引きしてくれました。支払金額はいくらでしょうか?

良い例

> DK 下記の例のように支払金額を計算してください。
> ###252円のバナナを買ったところ端数を値引きしてくれました。支払金額はいくらでしょうか?
> 支払金額:252円のバナナ1個は252×1=252円です。値引額は合計額の端数なので mod(252円,10)=2円です。よって、252円（合計額）-2円（割引額）=250円が支払い金額です。
> ###ある商店で300円の卵と436円のチーズ3個を買ったところ端数を値引きしてくれました。支払金額はいくらでしょうか?
> 支払金額:

使いこなしのヒント

記号を活用しよう

ChatGPTのプロンプトを作成するときは、文章のどの部分がどのような役割なのかを明確に指示する必要があります。例えば、上の例では見出しとして「###」という記号を使っています。このような見出し記号を使うことで、この記号で始める文が例であることをChatGPTが理解してくれます。詳しくは、123ページからのQ&Aも参照してください。

使いこなしのヒント

末尾に回答に続く言葉を入れる

ChatGPTなどの大規模言語モデルは、基本的に次の単語を予測するAIです。このため、質問の最後に「A:」や「回答:」「計算結果：」「支払金額：」のように求める回答を見出しとして入れておくと、見出しに続く言葉を予測しやすくなり、明確な指示として回答してくれます。

用語解説

mod関数

質問文の中で用いている「mod」は、Excelで使われる関数です。「mod（A,B)」と指定することで、AをBで割ったあまりを求めることができます。

まとめ　意識しておくと便利

プロンプトエンジニアリングは、本来、API経由で大規模言語モデルを使うときに活用されてきた手法となりますが、ChatGPTで質問を入力するときにも意識しておくと効果的です。もちろん、厳密にこれらのルールを守らなければならないわけではありません。人と話をしたり、人に作業を依頼したりするときと同じように、ChatGPTにどのような形で、何をしてほしいのかを明確に伝えることが大切です。

レッスン
34 質問の仕方を変えながら回答を引き出そう

プロンプトエンジニアリングの例

プロンプトエンジニアリングの手法を活用して、ChatGPTに少し複雑な質問に回答してもらえるように工夫してみましょう。最初は正確に答えることができませんが、質問の仕方を4ステップで変更することで、次第に回答に近づいていきます。

キーワード

Chain-of-Thought	P.150
Few-shot	P.150
プロンプトエンジニアリング	P.155

1 指示だけしてみよう（Zero-shot）

ここでは、割引を考慮した支払い額を計算する例を取り上げます。割引方法は10円未満の端数を切り捨てるという方法ですが、その方法はChatGPTに伏せた状態で質問します。まずは、指示だけしてみましょう。

以下の質問を入力する

DK ある商店で211円のチョコレートと113円のジュース2本を買ったところ割引きしてくれました。支払金額はいくらになりますか。

割引の額がわからないので、割引後の価格については解答できませんが、支払金額を計算することはできます。

チョコレートとジュース2本の合計金額は、211円 + 113円 × 2 = 437円です。

割引前の支払金額は、437円です。

割引後の支払金額は、割引前の支払金額から割引額を引くことで求めることができます。

使いこなしのヒント
本来は割引方法を明確に指定すべき

ここでは、意図的に間違えやすい質問方法を使って、4つのパターンでの質問方法を解説しています。もちろん、最初から割引方法を質問内で明示しておけば、より正確な回答が得られる可能性が高くなります。

使いこなしのヒント
複雑なプロンプトでゲーム化もできる

ChatGPTのプロンプトを工夫すると、ゲームのような複雑なしくみを作ることもできます。たとえば、対話しながらストーリーを進めるノベルゲームなどを制作している例もあります。

2 例を示してみよう（Few-shot）

指示だけでは、割引額がわからないと回答されてしまいました。続いて、いくつか例を示して、推測してもらいましょう。「###」の見出しで例を3つ挙げ、最後に質問をしてみます。

以下の質問を入力する

DK

次の例のように支払金額を計算してください。
###ある商店で211円のチョコレートと113円のジュース2本を買ったところ割引きしてくれました。
支払金額:430円
###ある商店で101円のガム2個と113円のジュースを買ったところ割引きしてくれました。
支払金額:310円
###ある商店で88円のお茶2本と244円のパン2個を買ったところ割引きしてくれました。
支払金額:660円
###ある商店で106円のおにぎり3個と308円のケーキを買ったところ割引きしてくれました。
支払金額:

支払金額は、割引前の合計金額から割引額を引くことで求めることができます。割引後の金額が与えられているので、それを元に計算します。

支払金額: 430円
チョコレート: 211円
ジュース2本: 113円 × 2 = 226円

使いこなしのヒント
どれくらい例を示せばいいの？

例は少ないと推測が難しくなりますが、多すぎると入力できない場合があります。2～3程度を提示するのが一般的です。

使いこなしのヒント
いきなり正解する場合もある

ここでは、ChatGPTが間違った回答をする例を示しましたが、ChatGPTは日々学習によって進化しているため、いきなり正しい回答をする場合もあります。実際の回答が異なる場合もあるため、紙面上で回答の変化を確認してください。

使いこなしのヒント
質問を次第に変えながら違いを見よう

手順2の質問は、手順1と聞きたい内容は同じですが、質問の仕方を変えています。このレッスンでは、次ページ以降も同じ質問を異なる聞き方をしながら、どのように回答が変化するのかを見ていくことにします。

次のページに続く

● 回答の続き

割引前の支払金額を求めるために、支払金額に割引額を加えます。
割引前の支払金額 = 支払金額 + 割引額

割引前の支払金額 = 430円 + 割引額

割引前の支払金額が437円であると仮定します。
437円 - 割引額 = 430円

したがって、割引額は7円です。

同様に、他の例についても計算します。

支払金額: 310円
ガム2個: 101円 × 2 = 202円
ジュース: 113円

割引前の支払金額 = 310円 + 割引額
割引前の支払金額 = 310円 + 割引額 = 310円

310円 - 割引額 = 310円
割引額は0円です。

支払金額: 660円
お茶2本: 88円 × 2 = 176円
パン2個: 244円 × 2 = 488円

割引前の支払金額 = 660円 + 割引額
割引前の支払金額 = 660円 + 割引額 = 660円

使いこなしのヒント

記号で区別する

ここでは例を区別するために「###」という見出し記号を使っていますが、別の記号を使っても構いません。ただし、例を複数掲示するときは、すべての例で同じ記号を使ってください。

使いこなしのヒント

回答の中にもヒントはある

このレッスンの例では、ChatGPTは回答の中で、度々、「割引額は不明のため」と答えています。このように、ChatGPTは正しく答えるために必要な情報を提示する場合もあります。ここでは、プロンプトエンジニアリングを使うための例なので、すぐに割引額を計算する方法を示しませんが、ChatGPTの回答をよく見て、求められている情報を与えることで、正しい回答を引き出すこともできます。

● 回答の続き

660円 - 割引額 = 660円
割引額は0円です。

支払金額: 不明

おにぎり3個: 106円 × 3 = 318円
ケーキ: 308円

割引前の支払金額 = 不明 + 割引額
割引前の支払金額 = 不明 + 割引額 = 不明

不明 - 割引額 = 不明
割引額は不明のため、計算できません。

3 思考の過程を要求する（CoT）

前の方法でも、提供されている情報からは計算できないと正しい回答が得られませんでした。続いて、段階的に計算してもらうことにしましょう。最初に与えられた情報から合計額を計算してもらい、次に割引額が10円未満の端数であることを示して端数を求め、そこから支払額を求めてもらいます。

続けて以下のように質問を入力する

DK 次の支払金額を計算してください。
ある商店で106円のおにぎり3個と308円のケーキを買ったところ割引きしてくれました。
一歩ずつ段階的に考えてみましょう。
まず、おにぎり3個とケーキの合計金額はいくらですか?

使いこなしのヒント

「段階的に考えてみましょう」だけでもOK

ここでは会話を重ねることで、思考の過程を明らかにしていく方法を採っていますが、最初の質問で単に「段階的に考えてみましょう」と入力する方法も利用できます。シンプルな質問なら、この1文を追加するだけで回答の正確性が上がることがあります。

使いこなしのヒント

思考の過程は大規模言語モデルならではの特徴

思考の過程を表現することができるのは、ChatGPTのような大きな規模なパラメーターを持つ言語モデルならではの特徴です。パラメーター数が少ない言語モデルでは、このように思考の過程を追うことはできません。ChatGPTが、人間のように知能を持っているかのように見える一因でもあります。

次のページに続く ➡

● 回答

おにぎり3個の合計金額は106円 × 3個 = 318円です。
ケーキの金額は308円です。
これらを合計すると、318円 + 308円 = 626円になります。

続けて以下のように質問を入力する

DK 割引額は、合計金額の10円未満の端数です。合計金額の端数はいくらですか?

合計金額は、おにぎり3個とケーキの金額を合計して626円です。
この合計金額から10円未満の端数を計算するには、まず合計金額を10で割ります。
10で割った場合、商は62で余りは6になります。
つまり、合計金額の10円未満の端数は6円です。

続けて以下のように質問を入力する

DK 合計金額から割引額を引いた金額が支払額です。支払額はいくらですか?

割引額は、合計金額の10円未満の端数である6円です。
したがって、支払い金額は、合計金額の626円から割引額の6円を引いた620円になります。

使いこなしのヒント

英語で入力した方が正確な場合もある

「段階的に考えてみましょう」は「Let's think step by step」と英語で入力した方が正確になる場合があります。思った動作にならない場合は英語で試してみましょう。

使いこなしのヒント

人間的だが人間とは違う

ここで示した質問は、人間なら「端数」を切っているのだろうと、容易に想像して答えることができる問題です。ChatGPTは、人間のように思考の過程を追ったり、豊富な知識から回答したりできますが、人間と同じように何でも答えられるわけではありません。人間とは違うことを考慮して、質問の仕方を工夫することがChatGPTを使いこなすコツとなります。

4 思考の過程を例示する（CoT Few-shot）

思考の過程をたどるだけでも回答してもらうことができましたので、これを一回の質問で回答してもらえるように工夫してみましょう。思考の過程を示す例を「###」で1つ入れて質問してみましょう。これでも回答が得られるはずです。

続けて以下のように質問を入力する

DK 下記の例のように支払金額を計算してください。
###ある商店で211円のチョコレートと113円のジュース2本を買ったところ割引きしてくれました。
支払金額:211円のチョコレート1個は211×1=211円です。113円のジュース2本は113×2=226円です。両方の合計金額は211+226=437円です。割引額は合計額の端数なのでmod(437円,10)=7円です。よって、437円（合計額）-7円（割引額）=430円が支払い金額です。
###ある商店で300円の卵と436円のチーズ3個を買ったところ割引きしてくれました。
支払金額:

300円の卵1個は300円です。436円のチーズ3個は436×3=1308円です。両方の合計金額は300+1308=1608円です。割引額は合計額の端数なのでmod(1608円,10)=8円です。よって、1608円（合計額）-8円（割引額）=1600円が支払い金額です。

使いこなしのヒント
例を複数用意してもいい

ここでは例を1つしか入力していませんが、複雑な質問の場合は、複数用意した方が正確になる場合があります。

使いこなしのヒント
「mod(437円,10)」ってなに?

「mod(437円,10)」は、Excelの関数などでも使われるあまりを求める計算です。437円を10で割ったあまりを示します。

使いこなしのヒント
計算方法はなるべく具体的に示すべき

計算を伴う質問をするときは、今回の例のように計算方法をなるべく詳細に示すことが大切です。ChatGPTはあくまでも次の単語を予測するAIなので、人間なら直感的に理解できる計算でも、きちんと過程を示さないと回答が得られません。

まとめ 正確性は質問の仕方次第

ChatGPTは正確性に欠けると言われる場合があります。もちろん、知らない情報を答えることもありますが、中には今回のように質問の方法を工夫することで改善できるものもあります。大切なのは、ChatGPTに対して、きちんと説明することです。どのような方法で、何を出力してほしいかをプロンプトエンジニアリングの手法を参考に伝えましょう。

この章のまとめ

自分の質問力を鍛えよう

ChatGPTは、質問の仕方によって、さまざまな用途に活用できます。コードや関数の出力など、技術的な用途にも活用できるので、普段の作業や学習に活用してみましょう。ただし、質問の仕方によって、回答の品質が大きく変わります。この章で紹介したプロンプトエンジニアリングの主な手法を活用して、質の高い回答が得られるように工夫してみましょう。そういった意味では、ChatGPTは利用者の「質問力」が問われるAIとも言えます。ChatGPTに自分の意思が正確に伝わるように、質問の内容や聞き方も鍛える必要があります。

DK 下記の例のように支払金額を計算してください。
###252円のバナナを買ったところ端数を値引きしてくれました。
支払金額はいくらでしょうか?
支払金額:252円のバナナ1個は252×1=252円です。値引額は合計額の端数なのでmod(252円,10)=2円です。よって、252円（合計額）-2円（割引額）=250円が支払い金額です。
###ある商店で300円の卵と436円のチーズ3個を買ったところ端数を値引きしてくれました。支払金額はいくらでしょうか?
支払金額:

ChatGPTを十分に活用するために、的確な質問ができるようにしよう

この章も楽しかったですー！
質問の仕方が重要なんですね。

良い質問をすれば、良い回答が返ってきます。ChatGPTの実力を引き出すために、AIが答えやすい質問をマスターしましょう。これがプロンプトエンジニアリングの第一歩ですよ。

ChatGPTにはまだまだ可能性がたくさんありそうです。もっと詳しく学びたいのですが、参考になるものはありますか?

はい。そう思われる人のために、次のページから始まるQ&A、付録で詳しく紹介します！　質問のテクニックやスマートフォンアプリの使い方、Excelのアドインなど盛りだくさんなのでぜひ読んでみてください。

回答精度を上げるためのQ&A

質問の仕方によっては、ChatGPTが意図したことと異なる回答をすることも珍しくありません。このような場合は、質問の仕方を工夫してみましょう。ここでは、質問するときに、どのような点に注意すればいいのか例を挙げて紹介します。

Q1 ChatGPTに正しく回答してもらうにはどうすればいいですか?

A 質問の基礎を覚えましょう

ChatGPTは自然な言葉で質問できますが、伝える情報が少ないと意図が正確に伝わりません。以下のような点に注意しながら、質問文をどのように構成すればいいのかを確認しておきましょう。基本的には、「誰が」「何を」「どのように」「どうすればいいのか」をはっきりと伝えましょう。

誰が（役割を指定する）	基本的には「ChatGPTが」になるため、省略することができます。ただし、「あなたは翻訳家です」のように「役割」を与えることでより正確性が向上します（詳細はQ3参照）。
何を（対象を指定する）	例えば、「富士山」という回答を期待するとき、単に「一番高い山は」と聞いても「エベレスト」という回答になってしまいます。「日本で一番高い山」のように、何を調べればいいのかを詳しく指定しましょう。また、文章を翻訳したり、要約したりしてほしいときは、対象となる文章を「」記号で囲むなど（詳細はQ4参照）、何を翻訳・要約すればいいのかをはっきりと伝えましょう。
どのように（方法を限定する）	回答の方法を具体的に指定しましょう。「100文字で」「箇条書きで」「表で」のように回答の長さ、形式、フォーマット、スタイルなどをきちんと指定しましょう。
どうすればいいのか（出力を明確にする）	「教えてください」「翻訳してください」「リストアップしてください」のように出力方法を明確に伝えましょう。また、質問の末尾に「回答：」「A:」「計算結果：」のように欲しい情報の見出しを指定することで、この見出しに続く単語を予測しやすくなります。

Q2 わかりやすく回答してもらうにはどうすればいいの?

A あいまいな表現を避けましょう

質問には、なるべくあいまいな表現を含めないようにすることが大切です。例えば、「わかりやすく説明してください」と指定しても、どれくらいわかりやすくすればいいのかが伝わりません。「小学生でもわかる文章で説明してください」「計算過程を式で示しながら説明してください」のように、程度をはっきりと指示しましょう。

悪い例

個別の項目については説明されない

DK SDGs（持続可能な開発目標）についてやわらかい文章で教えて。

良い例

各項目がわかりやすく紹介される

DK SDGs（持続可能な開発目標）を小学生にもわかるように教えて。

Q3 特定の分野について回答してほしいときは?

A 役割を与えましょう

ChatGPTは、あらかじめ役割を与えることで、その文脈で回答を生成することができます。例えば、質問の冒頭に「あなたは技術力の高いプログラマーです」のようにしてコードを生成させることができます。このように、役割を指定することで、その役割の人が一般的に備えている能力や地位、背景などを暗黙的に考慮した回答を得られます。

悪い例

作業内容のみ指示する

DK 次の文章を簡潔にしてください。

良い例

何をしてほしいかを役割として指示する

DK あなたは文章を要約するAIです。次の文章を簡潔にしてください。

Q4 条件などを指定して質問するときの書き方は?

A 記号を活用しましょう

条件などを細かく指定した複雑な質問をするときは、以下のような記号を活用しましょう。

見出しやタグ 「文字列：」「###文字列」	例）次の材料を使った料理を考えてください 材料：じゃがいも、にんじん、豚肉
項目「- 文字列」「・ 文字列」「1. 文字列」	例）次の材料を使った料理を考えてください - じゃがいも - にんじん
テキスト 「'''文字列'''」「文字列」	例）犬がたくさんいます。'''私はシーズーを飼っています'''を英語に翻訳して
区切り 「文字列 / 文字列」	例）次のように分類してください 桜 / 春 サンマ / 秋 サツマイモ /

Q5 資料をベースに回答させるには

A 文脈（コンテキスト）を指定しましょう

特定の文書の内容や社外秘の情報など、ChatGPTが知らない知識や、特定の情報について回答してほしいことがあります。このような場合、質問の前提となる知識を「コンテキスト（文脈）」として与えて回答してもらいます。これにより、ChatGPTが学習していない内容であっても、与えられた情報を元に回答してもらうことができます。

DK 事前知識ではなく以下のコンテキストを活用して
質問に回答してください。
コンテキスト:
- プロジェクト「ブルー」は次世代の社員アシスタントAIを実現するための新規事業
- 社内文書をデータベース化しGPT-4ベースのチャットAIとして提供する
- 予算規模は1億円
質問:
プロジェクトブルーについて教えてください。

前提を提示してから質問をする

Q&A

Q6 簡単にコードの言語を指定するには

A 質問の末尾で書き出しを指定しましょう

プログラミングコードを出力してもらいたいとき、書き出しを指定するとその言語のコードを自動的に出力します。例えば、質問の最後に「import」と入力するとPythonを指定できます。

DK 処理の実行時間を測るコードを教えてください。
import

前提を提示してから質問をする

Q7 情報を表にまとめてもらうには

A 「表にまとめて」と質問しましょう

出力結果が複雑になったときは、ChatGPTに表を活用してもらいましょう。「表にして」「表にまとめて」などとお願いすることで、表形式で情報を出力することができます。この時、「表にまとめて(カラム：名前,成績,判定)」などのように、列として使ってほしい情報をあらかじめ与えることもできます。

以下のような表が回答に含まれる

プラン名	価格（月額）	主な機能
Microsoft 365 パーソナル	約1,490円	Word、Excel、PowerPoint、Outlookなどのオフィスアプリケーション
		1TBのOneDriveクラウドストレージ
		プライベートな利用に最適
Microsoft 365 ファミリー	約2,100円	パーソナルプランのすべての機能
		最大6人まで利用可能
		家族や共有のために適しています

ChatGPTの利用規約に関するQ&A

ChatGPTを利用する際の注意点を確認しておきましょう。OpenAIは、「Term of use」などの複数の文書によって利用する際の注意点や禁止事項、法的制限などを定めています。間違った使い方をしないためにも必ず確認しておきましょう。

Q1 誰でも利用できますか?

A 年齢による制限があります

ChatGPTを利用可能なのは13歳以上と決められています。ただし、13歳以上であっても、18歳未満の人が利用する場合は保護者の許可が必要となります。

1. Registration and Access

You must be at least 13 years old to use the Services. If you are under 18 you must have your parent or legal guardian's permission to use the Services. If you use the Services on behalf of another person or entity, you must have the authority to accept the Terms on their behalf. You must provide accurate and complete information to register for an account. You may not make your access credentials or account available to others outside your organization, and you are responsible for all activities that occur using your credentials.

▼Terms of use
https://openai.com/policies/terms-of-use

OpenAIの「Terms of use」に13歳からサービスが利用可能であることと、18歳以下は保護者の許可が必要であることが明記されている

Q2 禁止行為はありますか?

Webサイトの自動処理は禁止です

RPAツールやPythonなどを利用して、ChatGPTのWebインターフェースに出力された情報を自動的に取得する行為（スクレイピングやWebデータ抽出など）は禁止です。情報の取得や自動化処理などは、API経由で利用する必要があります。

(c) **Restrictions.** You may not (i) use the Services in a way that infringes, misappropriates or violates any person's rights; (ii) reverse assemble, reverse compile, decompile, translate or otherwise attempt to discover the source code or underlying components of models, algorithms, and systems of the Services (except to the extent such restrictions are contrary

not or otherwise violate our Usage Policies; (vii) buy, sell, or transfer API keys without our prior consent; or (viii), send us any personal information of children under 13 or the applicable age of digital consent. You will comply with any rate limits and other requirements in our documentation. You may use Services only in geographies currently supported by OpenAI.

「Terms of use」2.（c）の「Restrictions.」に禁止項目が掲載されている

Q3 出力の所有権は誰にありますか?

A 利用者にあります

ChatGPTによって出力された情報の権利、権限、および利益は、すべて顧客（利用者）に譲渡されます。これは、利用者が出力を自由に使えるという意味だけでなく、出力に対しての責任を利用者が負うということでもあります。

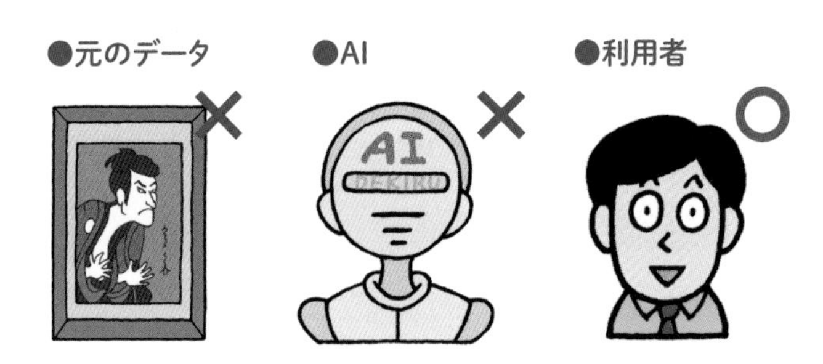

サービスを利用して出力した人に所有権がある

Q4 出力を商用利用してもいいですか?

A 商用利用可能です

出力された情報を販売したり、書籍などを出版したりするなど、商業目的を含むあらゆる目的でChatGPTから出力されたコンテンツを使用することができます。

3. Content

(a) **Your Content**. You may provide input to the Services ("Input"), and receive output generated and returned by the Services based on the Input ("Output"). Input and Output are collectively "Content." As between the parties and to the extent permitted by applicable law, you own all Input. Subject to your compliance with these Terms, OpenAI hereby assigns to you all its right, title and interest in and to Output. This means you can use Content for any purpose, including commercial purposes such as sale or publication, if you comply with these Terms. OpenAI may use Content to provide and maintain the Services, comply with applicable law, and enforce our policies. You are responsible for Content, including for ensuring that it does not violate any applicable law or these Terms.

(b) **Similarity of Content**. Due to the nature of machine learning, Output may not be unique across users and the Services may generate the same or similar output for OpenAI or a third party. For example, you may provide input to a model such as "What color is the sky?" and receive output such as "The sky is blue." Other users may also ask similar questions and receive the same response. Responses that are requested by and generated for other users are not considered your Content.

(c) **Use of Content to Improve Services**. We do not use Content that you provide to or receive from our API ("API Content") to develop or improve our Services. We may use Content from Services other than our API ("Non-API Content") to help develop and improve our Services. You can read

「Terms of use」の3.(a)の「 Your Content. 」に出力結果を商用利用可能であることが明記されている

Q5 商用利用にあたって注意すべきことは何ですか?

A 利用者が責任を負う必要があります

コンテンツが法律や利用規約に違反していないことを確認し、利用者がコンテンツに対して責任を負う必要があります。また免責事項の表示なども必要です。詳しくはQ14も参照してください。

Q6 入力した情報は学習に利用されますか?

A Web経由での入力は使われます

APIを経由せずにChatGPTのWebインターフェースに入力した情報は、モデルのパフォーマンス向上やサービスの改善に利用されます。個人情報や機密情報の入力に注意しましょう。

Q7 入力を学習に利用させない方法はありますか?

A オプトアウトを申請してください

API経由で利用した情報は学習されません。Webインターフェースから利用する場合は、以下のサイトからオプトアウトを申請すれば学習に利用されません。

▼User Content Opt Out Request
https://docs.google.com/forms/d/e/1FAIpQLScrnC-_A7JFs4LbIuzevQ_78hVERlNqqCPCt3d8XqnKOfdRdQ/viewform

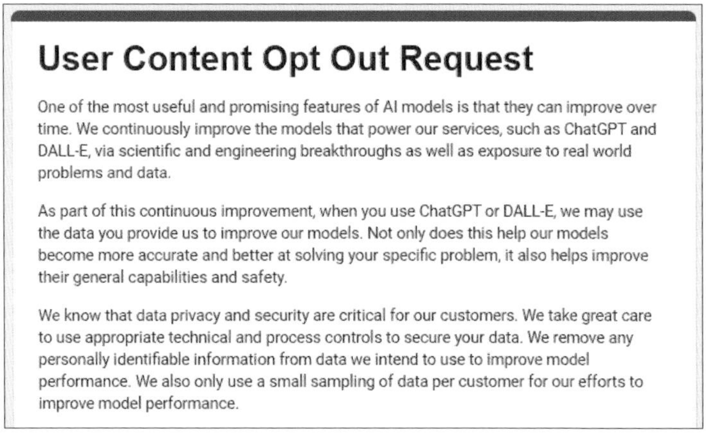

User Content Opt Out Request

One of the most useful and promising features of AI models is that they can improve over time. We continuously improve the models that power our services, such as ChatGPT and DALL-E, via scientific and engineering breakthroughs as well as exposure to real world problems and data.

As part of this continuous improvement, when you use ChatGPT or DALL-E, we may use the data you provide us to improve our models. Not only does this help our models become more accurate and better at solving your specific problem, it also helps improve their general capabilities and safety.

We know that data privacy and security are critical for our customers. We take great care to use appropriate technical and process controls to secure your data. We remove any personally identifiable information from data we intend to use to improve model performance. We also only use a small sampling of data per customer for our efforts to improve model performance.

ChatGPTを使用しているアカウントのメールアドレス、ID、アカウント名などを登録して申請する

Q8 入力した情報を学習させない簡単な方法は?

A 履歴をオフにします

[Settings] の [Data controls] の [Chat History & Training] をオフにすると、チャット履歴が保存されなくなり、同時に学習に使われなくなります。ただし、不正行為監視のために内部的には30日間保存されてから削除されます。

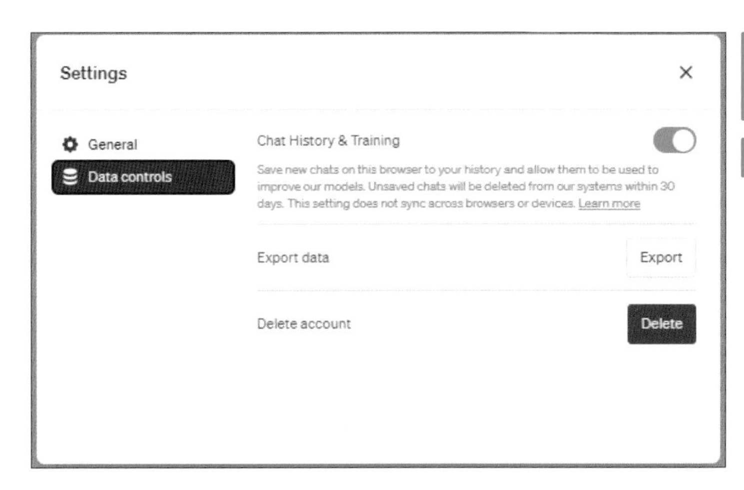

[Settings] の [Chat History & Training] をオフにすると履歴が保存されなくなり、学習に使われなくなる

詳しい手順はレッスン15を参照

Q9 チャット履歴をオンにしたまま学習を停止したい

A オプトアウトを申請してください

Q8の方法でチャット履歴をオフにすると過去の質問が見られなくなって不便です。チャット履歴を保存した状態で学習のみを禁止したい場合は、Q7を参考にオプトアウトを申請しましょう。

Q10 ユーザーが入力したデータは何に使われるの?

A モデルの学習に使われます

ユーザーが入力した質問は、大規模言語モデルの学習に利用されます。ユーザーにとってより役立つようにサービスを改善するための元情報として利用され、サービスの販売、広告、人物のプロフィールの作成にはデータは利用されません。

Q11 利用が禁止されている行為は何?

A 違法行為などには使えません

ChatGPTには禁止行為があります。違法行為、虐待、いやがらせ、マルウェア生成、経済リスク、詐欺、学問的不正、アダルト、政治活動、プライバシー侵害、無資格者または有資格者の確認なしの法律・財務アドバイス、医療情報、政府の意思決定などには使えません。

Disallowed usage of our models

We don't allow the use of our models for the following:

- Illegal activity
  - OpenAI prohibits the use of our models, tools, and services for illegal activity.
- Child Sexual Abuse Material or any content that exploits or harms children
  - We report CSAM to the National Center for Missing and Exploited Children.
- Generation of hateful, harassing, or violent content
  - Content that expresses, incites, or promotes hate based on identity
  - Content that intends to harass, threaten, or bully an individual
  - Content that promotes or glorifies violence or celebrates the suffering or humiliation of others

モデル利用における禁止事項は「Usage policies」の「Disallowed usage of our models」にまとめられている

▼Usage policies
https://openai.com/policies/usage-policies

Q12 出力を利用する際に明記すべきことはある?

A 用途によっては出典や免責事項が必要です

医療、金融、法律に関する消費者向けの情報提供、ニュース生成またはニュース要約を提供する場合は、出力にAIが使用されていることや、情報が正確でない場合があるなどの潜在的な制限についてユーザーに免責事項を提供する必要があります。

We have further requirements for certain uses of our models:

1. Consumer-facing uses of our models in medical, financial, and legal industries; in news generation or news summarization; and where else warranted, must provide a disclaimer to users informing them that AI is being used and of its potential limitations.
2. Automated systems (including conversational AI and chatbots) must disclose to users that they are interacting with an AI system. With the exception of chatbots that depict historical public figures, products that simulate another person must either have that person's explicit consent or be clearly labeled as "simulated" or "parody."
3. Use of model outputs in livestreams, demonstrations, and research are subject to our Sharing & Publication Policy.

出力を利用する際の注意事項は「Usage policies」に追記されている

Q13 出力をSNSで共有する場合の注意点は?

A 内容の確認やユーザーへの説明が必要です

出力されたメッセージをSNSに投稿したり、YouTubeなどのライブでChatGPTの使い方を配信したりする場合は、以下のような項目を遵守する必要があります。

- ●生成結果を事前に確認してから公開する
- ●コンテンツが自分または組織に帰属するものであることを示す（AIが作成したものという言い訳をせず著者が責任を負う）
- ●コンテンツがAIによって生成されたものであることをユーザーが見逃したり誤解したりしない方法で明記する
- ●Usage Policiesで規定されている違反コンテンツを掲載しない
- ●ストリーミングでリアルタイムに配信する際、視聴者のリクエストによって違反する可能性があるプロンプトを入力してはならない

Q14 出力を追記したり一部改変したりして公開する場合の注意点は?

A 公開者が責任を負う必要があります

ChatGPTの出力結果を元に、一部変更したり、追記したりして作成したコンテンツを公開、出版、配信する場合は、以下のような項目を遵守する必要があります。

- ●コンテンツが自分または組織に帰属するものであることを示す（AIが作成したものという言い訳をせず著者が責任を負う）
- ●コンテンツの制作に、AIをどのように使ったか（草案、編集、推敲など）を序文などで明記する
- ●Usage Policiesで規定されている違反コンテンツを掲載しない
- ●第三者を不快にさせるコンテンツを公開しない

Q15 第三者の著作物やロゴ、商標、著名人の顔写真を入力してもいい?

A 出力に注意が必要です

第三者の著作物であっても、そのデータをChatGPTに入力するだけなら法的なリスクは低いと考えられます。ただし、その結果、出力が既存の著作物と偶然に似てしまった場合、それをそのまま利用すると著作権を侵害する可能性があります。作品名、商品名、作家名などを入力に含めると出力が既存の著作物に似てしまう可能性が高くなるため、特に注意が必要です。

Q16 第三者の著作物をファインチューニングやプロンプトエンジニアリングに使ってもいい?

A 学習目的であれば許可されます

日本の法律（著作権法第30条の4、https://elaws.e-gov.go.jp/document?lawid=345AC0000000048#Mp-At_30_4）では、機械学習のためだけに利用するのであれば、第三者の著作物を利用することも許可される可能性が高いと判断できます。ただし、学習に第三者の著作物を利用すると、出力が既存の著作物に似る可能性が高くなるため、似た出力を利用すると著作権を侵害してしまうリスクが高くなります。

第三十条の四　著作物は、次に掲げる場合その他の当該著作物に表現された思想又は感情を自ら享受し又は他人に享受させることを目的としない場合には、その必要と認められる限度において、いずれの方法によるかを問わず、利用することができる。ただし、当該著作物の種類及び用途並びに当該利用の態様に照らし著作権者の利益を不当に害することとなる場合は、この限りでない。

一　著作物の録音、録画その他の利用に係る技術の開発又は実用化のための試験の用に供する場合

二　情報解析（多数の著作物その他の大量の情報から、当該情報を構成する言語、音、影像その他の要素に係る情報を抽出し、比較、分類その他の解析を行うことをいう。第四十七条の五第一項第二号において同じ。）の用に供する場合

三　前二号に掲げる場合のほか、著作物の表現についての人の知覚による認識を伴うことなく当該著作物を電子計算機による情報処理の過程における利用その他の利用（プログラムの著作物にあつては、当該著作物の電子計算機における実行を除く。）に供する場合

著作権法第30条の4によると、著作物を学習目的に使用することについては許諾を得られる可能性が高い

Q&A

Q17 顧客情報や社員の個人情報を入力してもいい？

A 本人の同意が必要です

個人情報の利用には本人の同意が必要となります。このため、同意があればChatGPTに入力することはできます。ただし、現状は、個人情報を収集する時点で、通常はAIでの利用を本人に通知することなく、同意を得ている場合がほとんどです。つまり、AIでの利用に対して同意を得ていないので、改めて許可を求める必要があると言えるでしょう。また、ChatGPTは海外で提供されているサービスとなるため、外国にある第三者への提供に該当する可能性があります（個人情報の保護に関する法律第28条1項）。事業者の適合基準を確認したり、本人の同意を得たりする必要もあります。

（外国にある第三者への提供の制限）
第二十八条　個人情報取扱事業者は、外国（本邦の域外にある国又は地域をいう。以下この条及び第三十一条第一項第二号において同じ。）（個人の権利利益を保護する上で我が国と同等の水準にあると認められる個人情報の保護に関する制度を有している外国として個人情報保護委員会規則で定めるものを除く。以下この条及び同号において同じ。）にある第三者（個人データの取扱いについてこの節の規定により個人情報取扱事業者が講ずべきこととされている措置に相当する措置（第三項において「相当措置」という。）を継続的に講ずるために必要なものとして個人情報保護委員会規則で定める基準に適合する体制を整備している者を除く。以下この項及び次項並びに同号において同じ。）に個人データを提供する場合には、前条第一項各号に掲げる場合を除くほか、あらかじめ外国にある第三者への提供を認める旨の本人の同意を得なければならない。この場合においては、同条の規定は、適用しない。

個人情報の保護に関する法律第28条によると、外国にある第三者に個人データを提供する場合は本人の同意が必要となる

Q18 秘密保持契約を結んだ外部の情報を入力してもいい？

A 基本的には避けましょう

秘密保持契約に定められている情報の利用方法でAIでの利用が許可されているのであれば、入力できる可能性があります。ただし、現実的にはそこまで寛容な秘密保持契約は考えにくいため、入力できないと考えるのが妥当です。また、秘密保持契約で入力が許可されていたとしても、入力した情報が学習に使われてしまうと、秘密保持契約で定められた利用の範囲を超えてしまう可能性があります。API経由など学習されない方法での利用が必要になります。

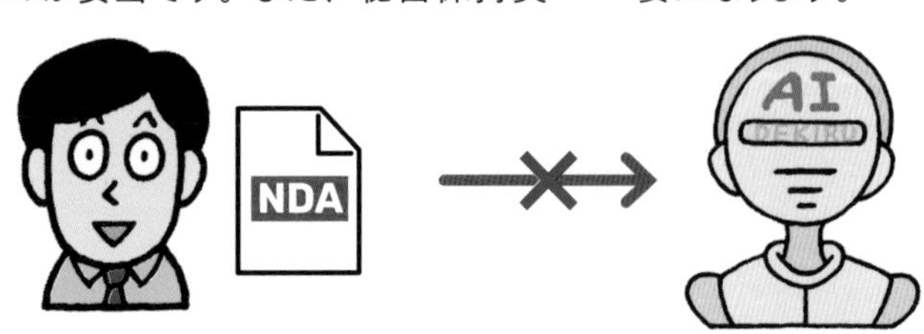

秘密保持扱いの情報については入力を避けたほうがよい

Q19 自社の機密情報を入力してもいい？

A 似た情報が出力される可能性があります

ChatGPTへの入力そのものは自社で許可されていれば問題ありません。ただし、ChatGPTなどの第三者も利用するサービスの場合、入力された情報が学習に使われます。このため、入力した機密情報が学習された結果、機密情報に似た情報が第三者に対して出力されるリスクがあります。公になっていない情報を入力することは避けた方がいいでしょう。

第三者に機密情報が出力される可能性がある

Q20 出力された情報がオリジナルかつフィクションであるならばどのように使ってもかまいませんか？

A 検証が必要です

出力結果が確実にオリジナルであることを検証する必要があります。また、第三者の名誉や信用を棄損する可能性がある場合はフィクションであっても利用はできません。

Q21 出力された結果を出版や配信に利用したい

A 追記や改記などの注意点を守る必要があります

ChatGPTは出力結果を商用利用することが許可されています。ただし、出版や配信をする場合などは、「Q14　出力を追記したり一部改変したりして公開する場合の注意点は?」で説明した注意点を守る必要があります。

Q22 出力された結果が模倣されないように著作権で保護したい

A 創作的寄与が必要です

出力結果が著作物と認められるには「創作的寄与」が必要です。つまり、出力そのままでは認められない可能性があります。出力結果に加筆・修正して、創作物として認められれば権利を主張することができる可能性が高くなります。

付録1 会社や学校でChatGPTを使うときのルールを決めるには

ChatGPTを会社や学校で導入するときは、どのような情報を入力していいのか、出力結果をどのような用途に使っていいのかを定めたルールを作成する必要があります。一から作るのは大変なので、日本ディープラーニング協会が作成したガイドラインを活用しましょう。テンプレート形式のため自分の組織の情報などを追記することで、著作権やプライバシーなどを考慮したルールを簡単に作成できます。法的な解釈の説明も提供されているので導入時の参考にもなります。改訂される場合がありますので、必ず最新版を参照してください。

▼日本ディープラーニング協会 「生成AIの利用ガイドライン」（2023年5月版）
https://www.jdla.org/document/#ai-guideline

日本ディープラーニング協会のWebサイトにガイドラインが掲載されている

生成 AI の利用ガイドライン【簡易解説付】

第1版（2023 年 5 月公開）

【2023 年 5 月 1 日】制定

＜前文＞
本ガイドラインは、民間企業や各種組織が生成 AI を利用する場合に組織内のガイドラインとして最低限定めておいた方がよいと思われる事項を参考として示したものです。
利用する生成 AI の内容や組織の性質、業務内容等によって、各組織が、本ガイドラインを参考にしていただき、各組織内で定めている既存のデータポリシー等と整合性を取るなど、加筆修正を行って使うためのひな型として提供するものです。本ガイドライン中の【】内は適宜改変してください。
独自のガイドラインを作成する際には、別途公開されている「生成 AI 利用ガイドライン作成のための手引き」[1]を参考にしてください。

［ダウンロード］をクリックするとWord形式の書類をダウンロードすることができる

付録2 スマートフォン用のアプリを利用するには

ChatGPTをスマートフォンで利用する場合はアプリを使いましょう。2023年6月時点では、iOS版のみの提供ですが、Android版も提供予定となっています。似た名前の非公式アプリが多数存在するため、ダウンロード前に必ずOpenAI製の公式アプリであることを確認しましょう。

▼iOS用アプリ
https://apps.apple.com/jp/app/chatgpt/id6448311069

Googleアカウントにログインする画面が表示された

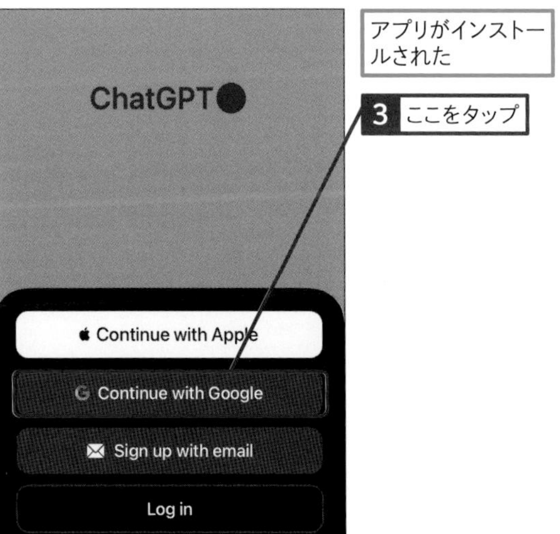

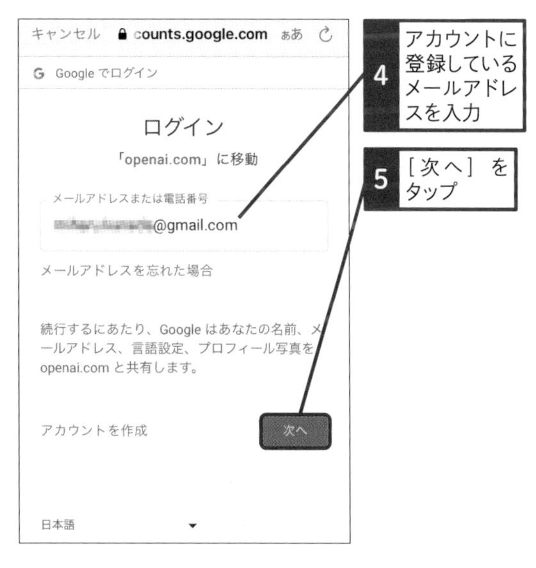

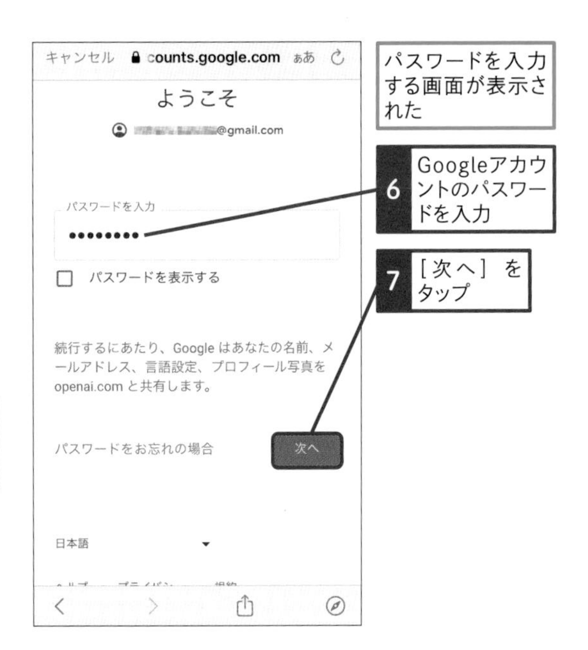

パスワードを入力する画面が表示された

6 Googleアカウントのパスワードを入力

7 ［次へ］をタップ

氏名と生年月日を入力する画面が表示された

8 氏名と生年月日を入力

9 ［Continue］をタップ

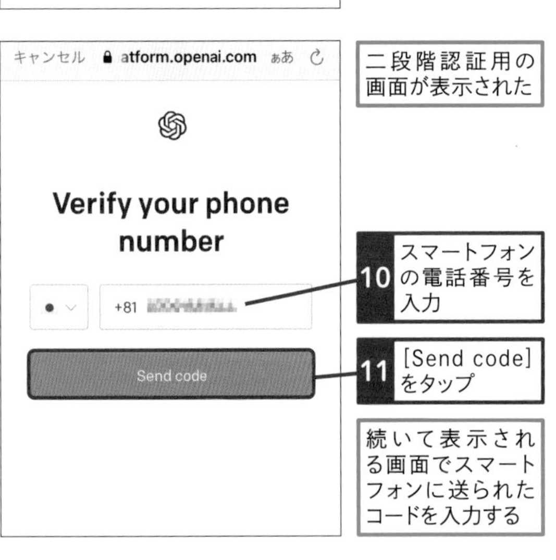

二段階認証用の画面が表示された

10 スマートフォンの電話番号を入力

11 ［Send code］をタップ

続いて表示される画面でスマートフォンに送られたコードを入力する

ChatGPTの紹介画面が表示された

12 ［Continue］をタップ

ChatGPTのトップ画面が表示された

質問はここに入力する

ここをタップするとメニューが表示できる

● 音声で入力するには

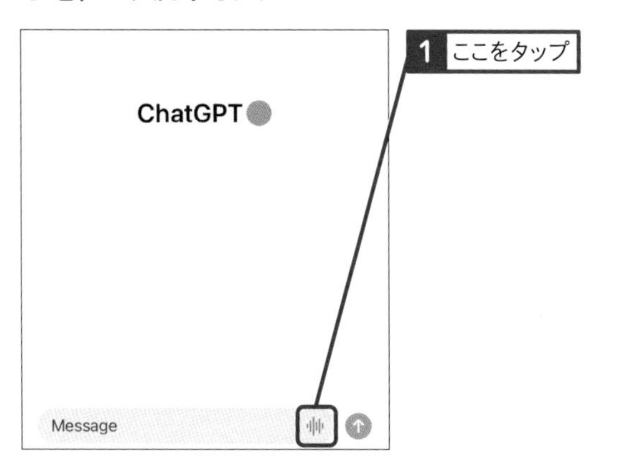

1 ここをタップ

2 [OK] をタップ

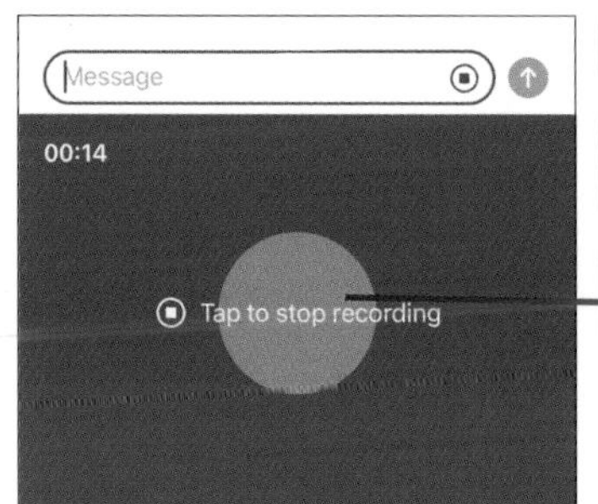

3 音声で入力

入力中の言葉は表示されない

4 入力後にここをタップ

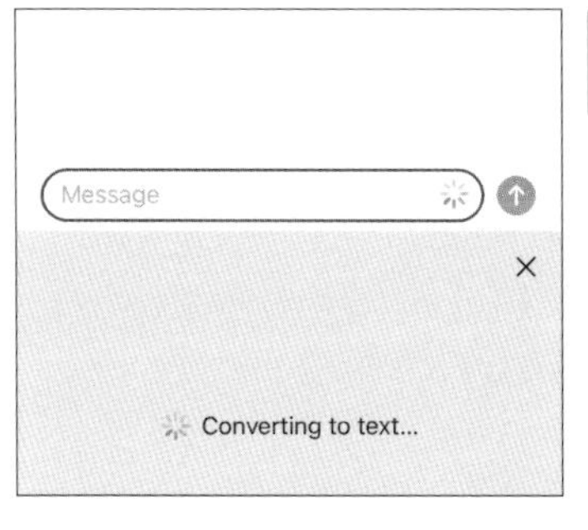

テキストに変換する画面が表示された

テキストに変換された

ここをタップして質問する

● カメラから情報を読み取るには

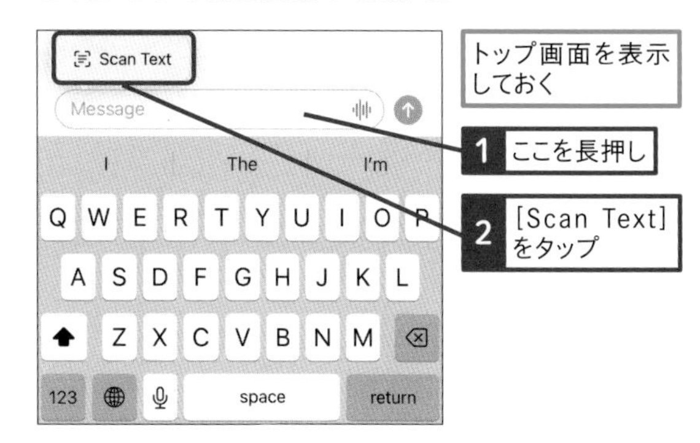

トップ画面を表示しておく

1 ここを長押し

2 [Scan Text] をタップ

画面下部にカメラの映像が表示された

3 [入力] をタップ

カメラから読み取った内容がテキストに変換される

● サインアウトするには

メニューを表示しておく

1 [Settings] をタップ

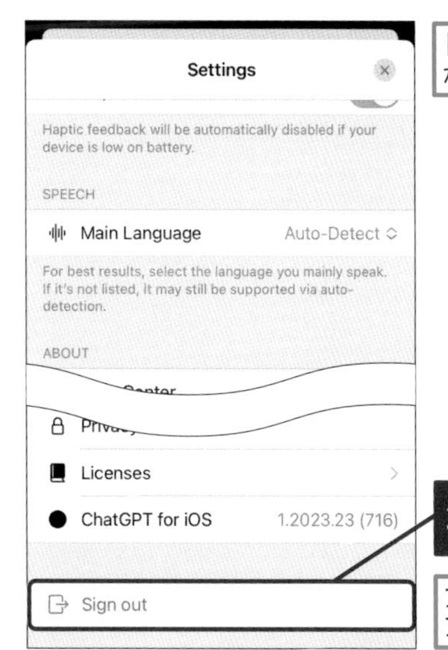

[Settings] 画面が表示された

2 [Sign out] をタップ

アプリからサインアウトする

付録

付録3 有料プランを利用するには

ChatGPTをより活用したいときは、有料版の「ChatGPT Plus」に加入するといいでしょう。月額20ドルの料金がかかりますが、無料プランに比べて、快適にサービスを利用できたり、最新の機能をいち早く試したりできます。

1 口座情報を登録する

使いこなしのヒント
いつでも解約できる

ChatGPT Plusは、最低利用期間などが定められていないため、いつでも解約できます。安心して加入しましょう。なお、解約方法は手順4を参照してください。

使いこなしのヒント
クレジットカードが必要

支払いにはクレジットカードが必要です。手順1の下の画面でカード番号を入力する必要があるため、番号がわかるものを手元に用意してから申し込みをしましょう。

● 登録が完了した

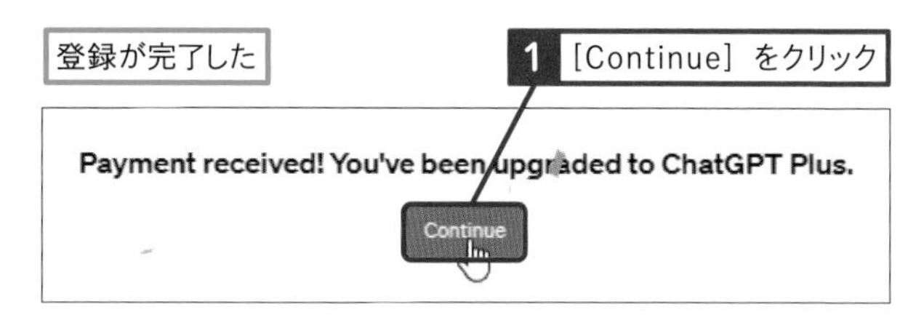

2 プラン内容を確認する

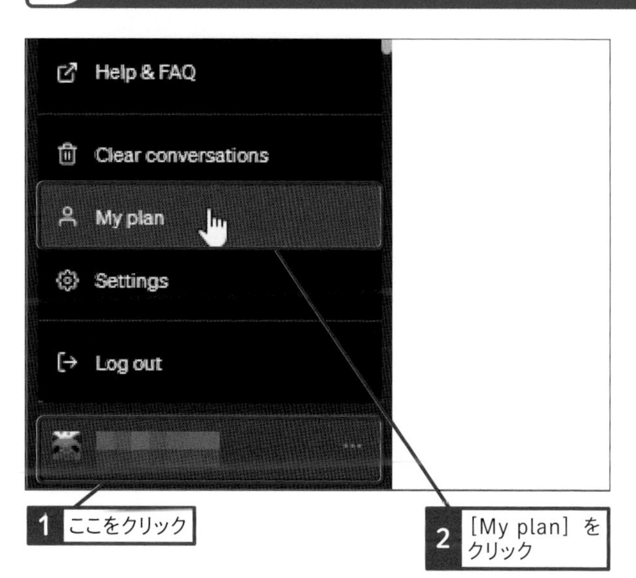

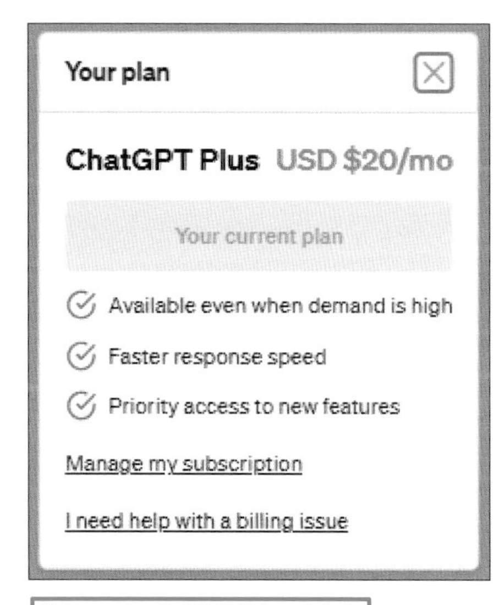

[Your plan] 画面が表示された

使いこなしのヒント
すぐに使える

申し込みが完了すると、すぐにChatGPT Plusを利用できます。画面のデザインなどが少し変わりますが、基本的な使い方は同じです。

使いこなしのヒント
自動的に更新される

有料プランは、解約しない限り、自動的に更新されます。課金を止めたい場合は、手順4を参考に解約手続きをしましょう。

3 固有の機能を試す

● GPT-4に切り替える

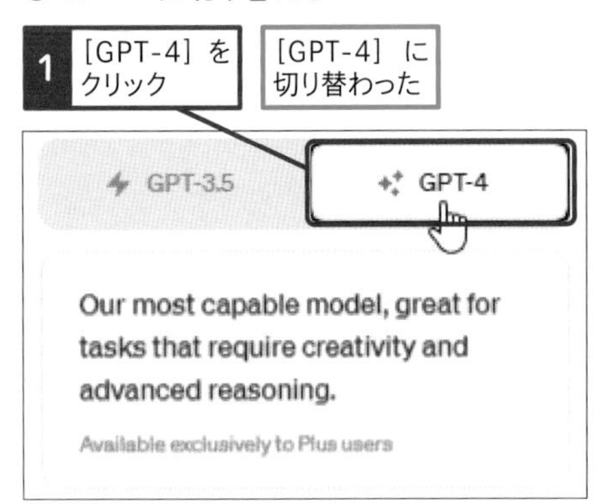

● 新機能を試す

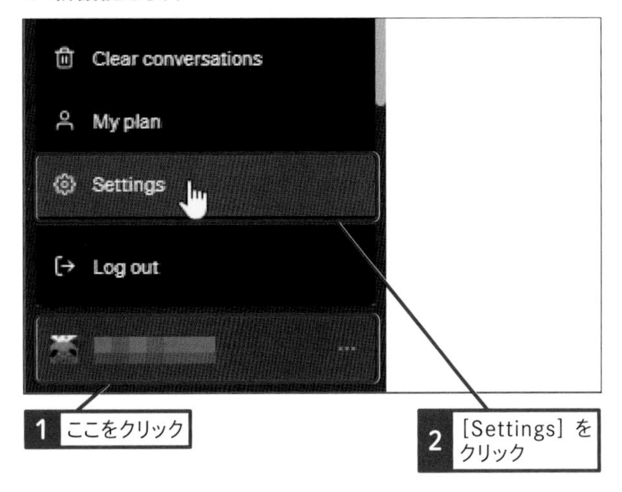

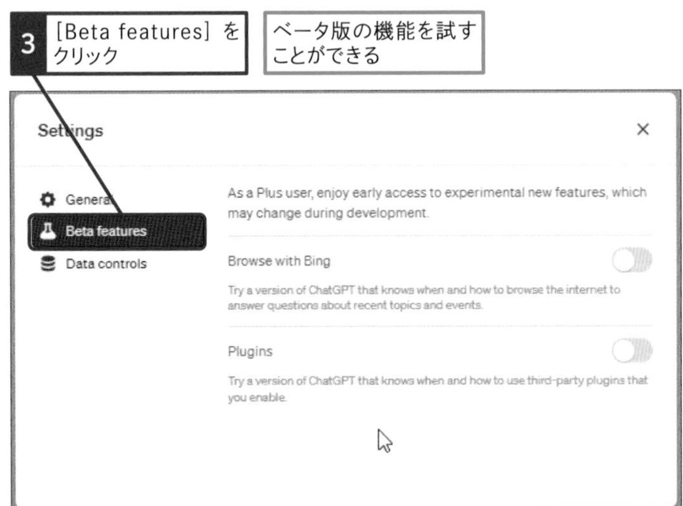

使いこなしのヒント

最新のGPT-4を使える

有料プランでは最新の大規模言語モデルであるGPT-4を利用できます。GPT-4は、OpenAIが開発した2023年時点で最新の大規模言語モデルです。従来のGPT-3.5に比べて、モデルのパラメーターが増えたことで、より正確な回答が可能になっています。

使いこなしのヒント

[Beta features] って何?

[Beta features] は、正式な機能として搭載される前に、希望者のみが試すことができるお試し機能です。2023年6月時点では、ChatGPTが知らない情報をWeb検索して答えてくれる [Browse with Bing]、サードパーティが提供するさまざまな機能を追加できる [Plugins] が利用できます。

4 有料プランを解約するには

手順2を参考に［Your plan］画面を表示しておく

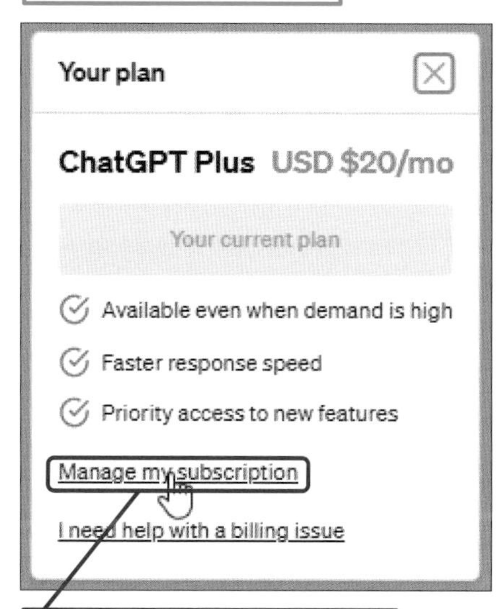

1 ［Manage my subscription］をクリック

サブスクリプションの内容を確認する画面が表示された

2 ［プランをキャンセル］をクリック

有料プランが解約される

使いこなしのヒント

Pluginで何ができるの？

Pluginにはさまざまなものがありますが、例えば、WebページやPDFファイルをURLで指定することでその情報を元に回答してくれる［WebPilot］や、YouTubeビデオのURLを指定することでビデオの内容について答えてくれる［Video Insights］などがあります。［Plugin Store］の［Popular］から人気のプラグインを表示できます。

使いこなしのヒント

［Code interpreter］も提供予定

OpenAIでは有料プラン向けに［Code interpreter］という機能のベータテストを実施しています。この機能は、Pythonなどのコードを表示するだけでなく、それを実行し、結果を回答する機能となっています。表からグラフを作ったり、ファイルの形式を変換したりと、組み込み型のコンピューターとして機能する画期的なものとなっています。

付録4 Excelのアドインを利用するには

Microsoftが提供しているExcel用のChatGPTアドインを利用すると、Excelから関数を使ってAPI経由でChatGPTの機能を利用することができます。これにより、セルに入力した質問に対する回答を指定したセルに出力することができます。

1 アドインを入手する

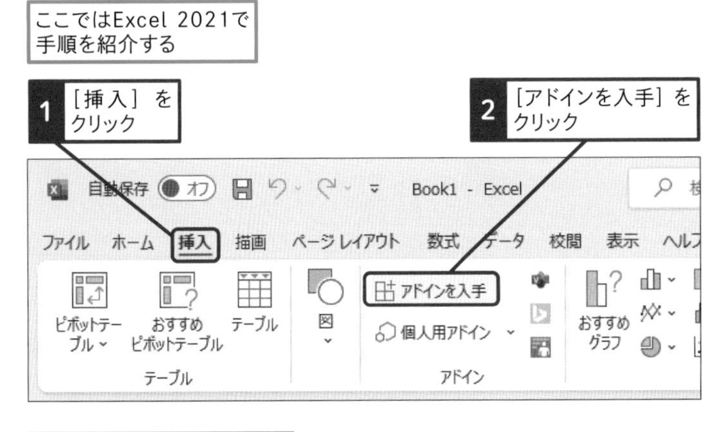

アドインの一覧が表示された

使いこなしのヒント
非公式アプリに注意

ChatGPTは、第三者が開発した非公式なアプリやサービスがたくさんあります。OpenAIの利用規約に従っていなかったり、入力データの利用目的が明確にされていなかったりするものもあるので、不用意に使わないようにしましょう。

使いこなしのヒント
アドインって何?

アドインは、ExcelなどのOfficeアプリに機能を追加する外部プログラムです。ツールバーなどから機能を呼び出したり、関数として新しい機能を追加したりします。

● アドインを追加する

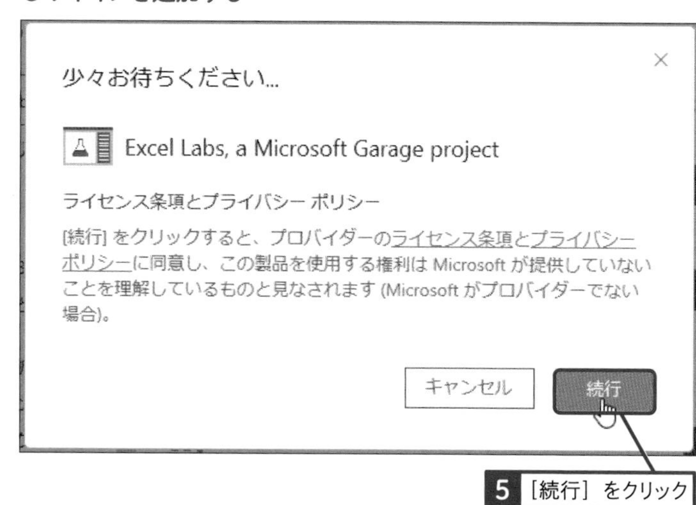

5 ［続行］をクリック

［Excel Labs］が追加された

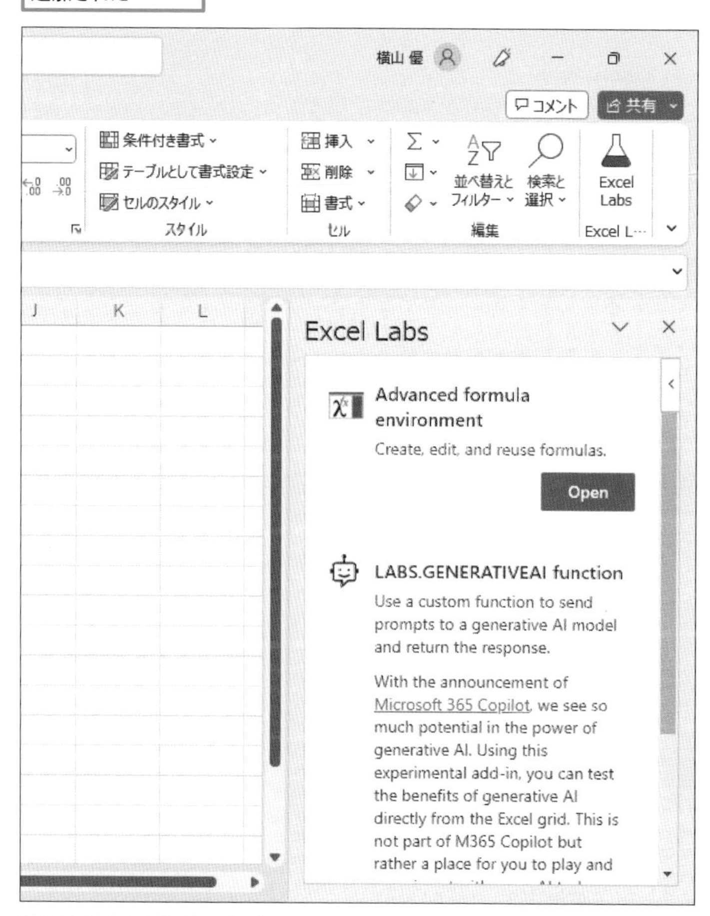

続いてAPIキーを入力する

使いこなしのヒント

実験用アドイン

Excel Labsは、2023年6月時点では、実験用のアドインという位置づけとなっています。このため、問い合わせやサポートを受けることはできません。不具合が発生しても自己責任での利用となります。

使いこなしのヒント

ChatGPT以外の機能も使える

Excel Labsには、開発段階の機能がいくつか含まれています。2023年6月時点では、ChatGPTの機能に加えて、「Advanced formula environment」というLAMBDAなどのユーザー定義関数を利用する際に書式などの入力補完や管理が簡単にできるようになります。

2 APIキーを取得する

Webブラウザーで下記のWebサイトを表示する

▼API Keys
https://platform.openai.com/account/api-keys

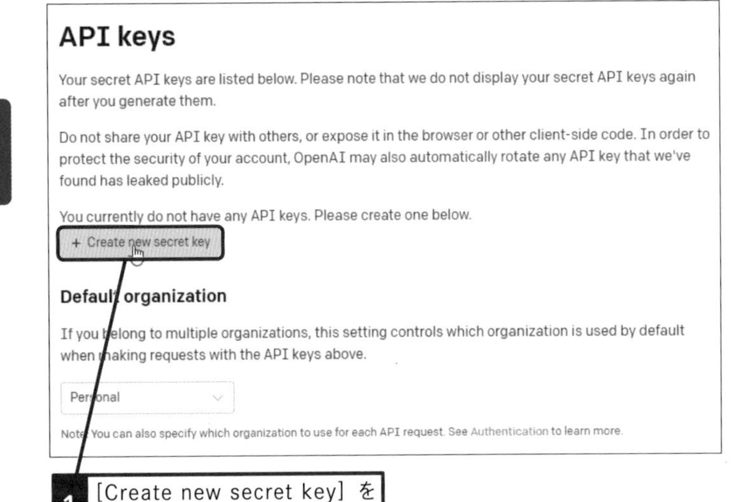

1 [Create new secret key]をクリック

[Create new secret key]画面が表示された

2 [Create secret key]をクリック

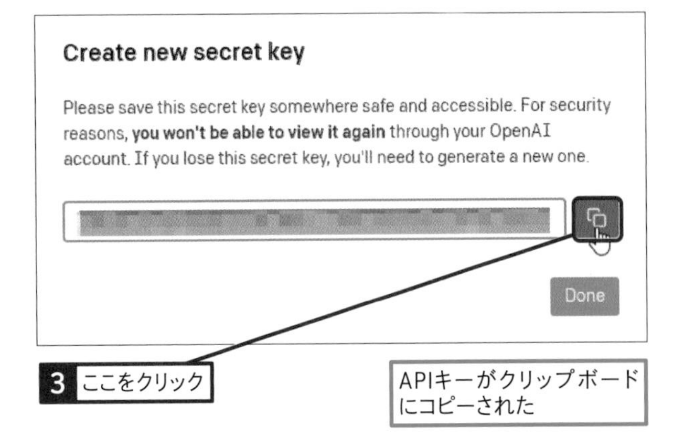

3 ここをクリック

APIキーがクリップボードにコピーされた

使いこなしのヒント

APIキーって何?

Excelなど、他のアプリやサービスからChatGPTの機能を利用するには、インターネット経由でChatGPTの機能を呼び出す必要があります。このときに利用するのがAPIキーです。APIキーによって、特定のユーザーだけがChatGPTのサービスを呼び出せるようにします。

使いこなしのヒント

APIの利用は有料

API経由でのChatGPTの利用は有料です。料金は利用するサービスやタイミングによって異なるので、詳細は以下の公式サイトで確認してください。目安としては、1000トークンあたり0.0004ドル～0.02ドルの価格帯に設定されています。日本語ではひらがなが1トークン、漢字が2～3トークンとなります。ChatGPTの利用開始時に18ドル分の無料枠が設定されていますが、数か月ほどの期限が設定されています。無料枠がなくなった場合は課金が必要になります。

▼API料金
https://openai.com/pricing

3 APIキーを登録する

Excelの画面を表示しておく

1 [Open] をクリック

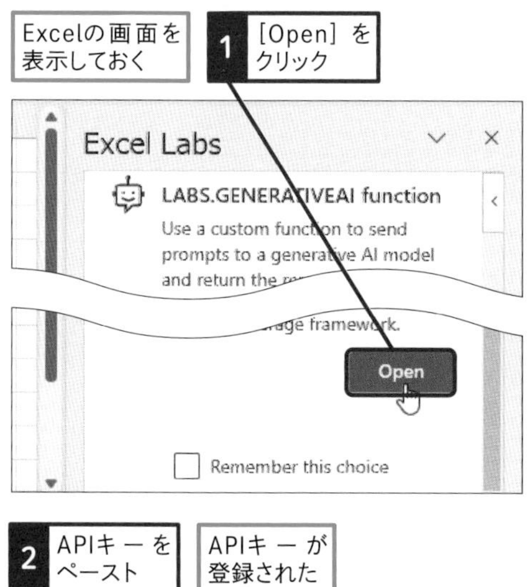

2 APIキーをペースト

APIキーが登録された

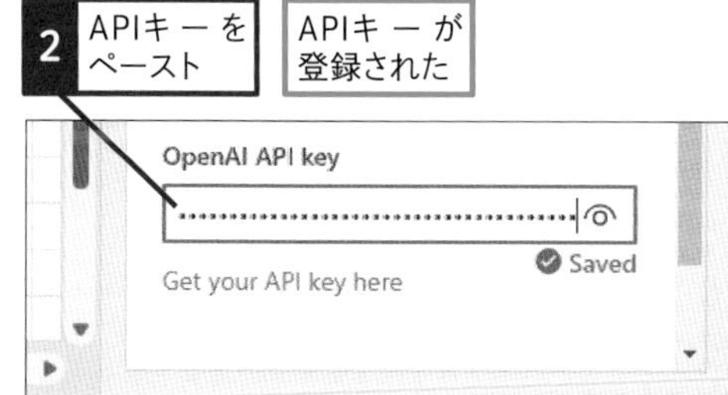

4 固有の関数を試す

1 セルA1に「平均値を出すために使うExcel関数を教えてください。」と入力

2 セルA2に「=LABS.GENERATIVEAI(A1)」と入力

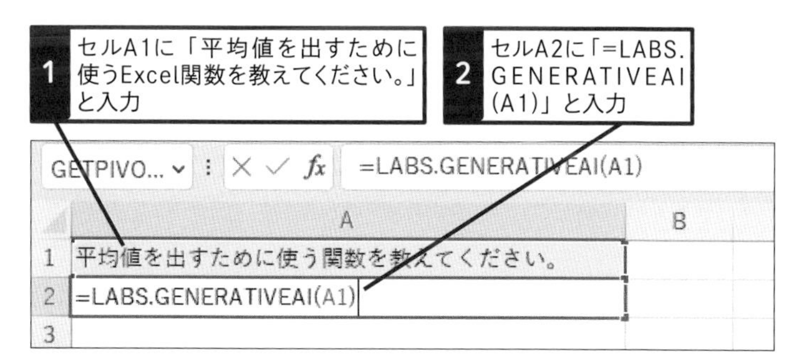

3 Enterキーを押す

AIによる回答が表示された

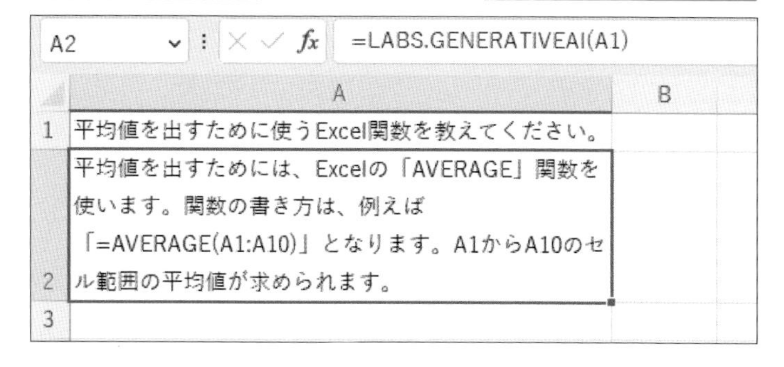

使いこなしのヒント

APIキーを発行しよう

ChatGPTのAPIを利用するためのAPIキーの発行が必要です。OpenAIの開発者向けページにアクセスし、手順2のようにAPIキーを作成しましょう。APIキーは、ユーザーごと、用途ごとに個別のものを使い分けるようにします。

使いこなしのヒント

APIキーは公開しないように注意

APIキーは大切に保管しましょう。公の場で公開したり、第三者に送信したり、信頼できないアプリに入力したりすると、第三者に悪用される可能性があります。万が一、外部に漏洩した場合は、削除して新しいAPIキーを作成し直しましょう。

使いこなしのヒント

APIの使い方を知りたい

APIの詳細や具体的な使い方は、公式サイトのドキュメントに記載されています。開発に興味があると人は読んでおくといいでしょう。

▼OpenAI Platform
https://platform.openai.com/

付録5

注目されるそのほかの対話型AI

大規模言語モデルと呼ばれる、高度な自然言語処理が可能な対話型AIは、ChatGPT以外にもいろいろあります。なかでも注目度が高いのは、Googleの「Bard」とマイクロソフトの「Bing AI」です。それぞれの使い方を見てみましょう。

GoogleのBardを使ってみよう

Webブラウザーで下記のWebサイトを表示する

▼Bard
https://bard.google.com/

1 ［Bardを試す］をクリック

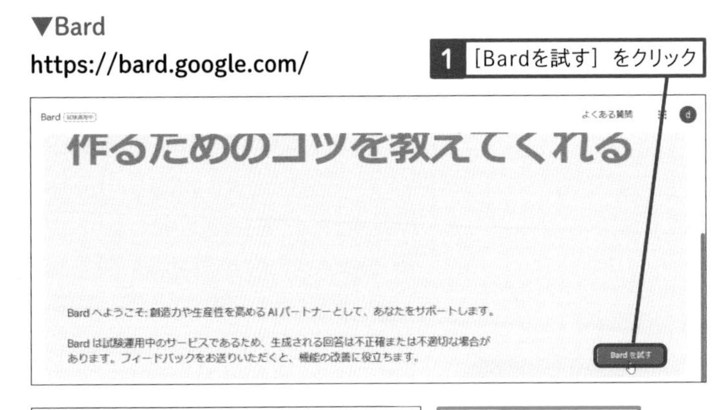

注意事項と利用規約を確認する

2 ［同意する］をクリック

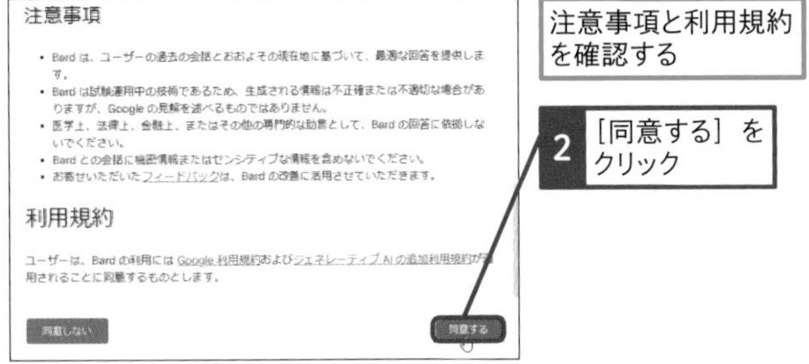

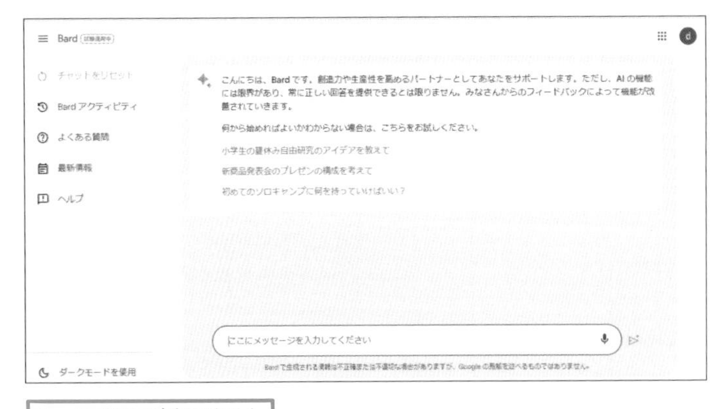

Bardの画面が表示された

使いこなしのヒント

Google Bard って何?

Google Bardは、5400億という非常に大きなパラメーターを持つ「PaLM 2」を利用した対話型AIです。ChatGPTと同じような使い方ができますが、Google検索と連携したWebページの検索ができるなど、使いやすさが向上しています。

使いこなしのヒント

機能強化も予定されている

Google Bardは画像で質問を入力したり、回答に画像を含めたりする機能の搭載が予定されています。言葉だけでなく、画像などを使った質問が可能になります。

マイクロソフトのBing AIを使ってみよう

ここではWindows 11で手順を紹介する

OSを最新の状態にアップデートしておく

1 [Microsoft Edge]をクリック

2 [検出] をクリック

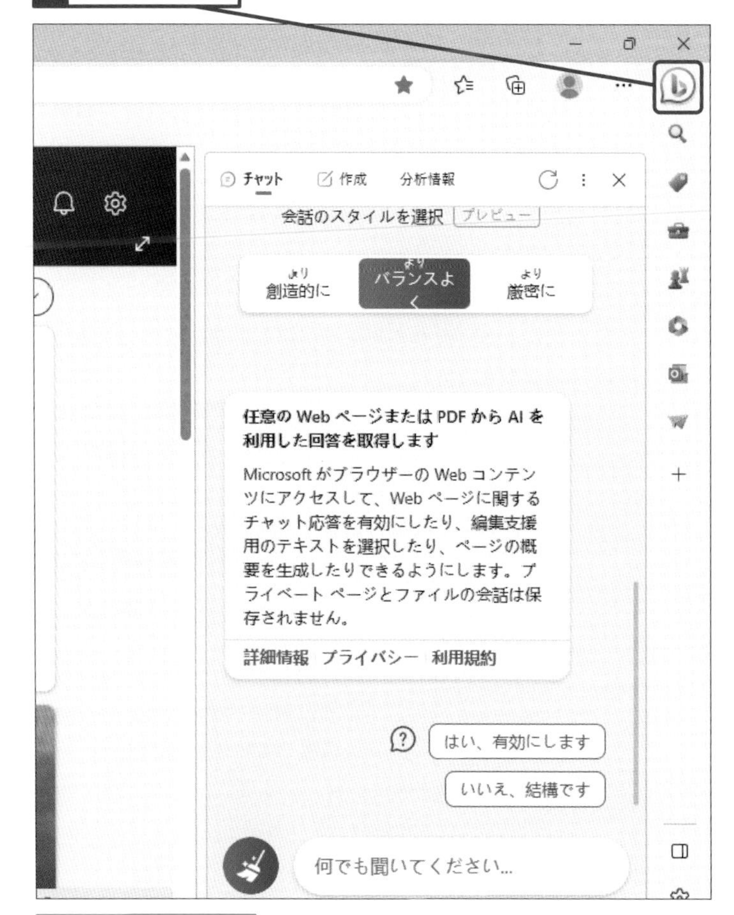

サイドバーにBing AIが表示された

使いこなしのヒント

Microsoft Edgeに組み込まれている

Bing AIは、Windowsの標準ブラウザーであるEdgeに組み込まれた状態で提供されています。このため、Edgeを最新版に更新することで、すぐにBing AIのチャットサービスを利用できます。

使いこなしのヒント

Web検索が標準

Bing AIは、学習していない情報でもWeb検索して回答することができます。このため、ChatGPTが苦手な最新情報（2021年9月以降の情報）なども回答できます。

使いこなしのヒント

ソースを参照できる

Bing AIでは、参照元のWebページのリンクが末尾に表示されます。このため、どの情報を元に回答したのかがわかるうえ、参照元のリンクから詳細な情報にアクセスすることができます。

用語集

AI（エーアイ）
Artificial Intelligenceの略で、人工知能のこと。自ら学習することで思考や認識、判断といった人間的な行動を実現できるコンピュータープログラム。
→プログラム

API（エーピーアイ）
Application Programming Interfaceの略。ソフトウェアに組み込まれている機能を外部から呼び出して利用できるしくみのこと。

Bard（バード）
Googleが開発した対話型AI。Googleの検索サービスを利用してインターネットから情報を収集して回答を生成することができる。
→AI、回答、対話型AI

Bing（ビング）
マイクロソフトが提供している検索サービスのブランド名。通常のWeb検索に加えて、ChatGPTと同じモデルを使用した「Bing AI」と呼ばれる対話型AIサービスも提供している。
→ChatGPT、対話型AI

Bing Image Creator（ビングイメージクリエーター）
自然言語による入力から画像を生成できる生成系AIサービス。画像の要素やタッチなどを指定することで、AIが自動的にイラストや写真のような画像を生成してくれる。
→AI、Bing、自然言語、生成系AI

Chain-of-Thought（チェインオブソート）
思考の過程。ChatGPTなどの対話型AIとの会話で目的に合った回答を引き出すための手法のひとつ。回答の方法を段階的に示したり、具体的に例示したりすることで、思考の過程を追って回答させる。
→ChatGPT、回答、対話型AI

ChatGPT（チャットジーピーティー）
OpenAIが開発した対話型AIサービス。人間が会話するときと同じ自然言語で質問を入力すると、同じく自然言語を使ってAIが回答となる文章を自動的に生成することができる。
→AI、GPT、OpenAI、回答、自然言語、質問、対話型AI

ChatGPT Plus（チャットジーピーティープラス）
OpenAIが提供している対話型AIサービスChatGPTの有料プラン。無料版のGPT-3.5よりも賢いGPT-4をモデルとして利用できるほか、Web検索やプラグインなどの追加機能を使える。
→ChatGPT、OpenAI、対話型AI、GPT-4

DALL・E（ダリ）
OpenAIが開発した画像生成AIモデル。画像の要素やスタイルなどを自然言語で入力することで画像を出力できる。2022年に最新のDALL・E 2がリリースされた。
→AI、OpenAI、自然言語

Few-shot（フューショット）
ChatGPTなどの対話型AIから目的に合った回答を引き出すための「プロンプトエンジニアリング」と呼ばれる手法のひとつ。質問時に具体的な回答方法や回答に似た例を示すことで正しい回答へと近づくための情報を提示する。
→ChatGPT、回答、質問、対話型AI、プロンプトエンジニアリング

Google Colaboratory（グーグルコラボラトリー）
Googleが提供しているWebサービスのひとつ。開発言語であるPythonの編集や実行環境がWebサービスとして提供されており、ブラウザーのみでPythonの開発や実行が可能。
→Python、Webサービス

GPT（ジーピーティー）
Generative Pre-Trained Transformerの略。OpenAIが開発した高度な自然言語モデルのシリーズ名。トランスフォーマーと呼ばれる画期的な深層学習モデルを使って事前学習した自然言語生成モデルのこと。バージョンごとにGPT-3.5やGPT-4などとバージョン名を付けて呼ばれる。
→GPT-4、OpenAI、自然言語、深層学習、トランスフォーマー

GPT-4（ジーピーティーフォー）
OpenAIが開発した自然言語モデルのひとつ。2023年時点で最新のモデル。詳細は明らかにされていないが、従来のGPT-3.5よりも多くのパラメーターを持つ高度な言語モデルとなっており、より多くの情報を正確に回答できるのが特徴。
→GPT、OpenAI、回答、自然言語

IF関数（イフカンスウ）
Excelの関数のひとつ。条件によって処理を分岐させることができる関数。

IFS関数（イフエスカンスウ）
Excelの関数のひとつ。条件によって処理を分岐させることができる関数。複数の条件を簡単に記述できるのが特徴。

JavaScript（ジャバスクリプト）
コンピュータープログラミングで利用されるスクリプト言語のひとつ。主にWebページにさまざまな処理を埋め込むために利用される言語。

LAMBDA関数（ラムダカンスウ）
Excelの関数のひとつ。変数として与えた数をあらかじめ定めていた方法で計算させるなど、ユーザーが定義した処理を実行するためのオリジナルの関数を作成できる。

Linux（リナックス）
ファイル処理や画面表示など、コンピューターの基本的な機能を提供するOS（Operating System）の一種。主にサーバーや組み込み機器などで利用されることが多い。

Markdown形式（マークダウンケイシキ）
Webページを記述するためのHTMLを簡略化して記述するための記法。文章の見出しを「#」「##」などで表したり、項目を「-」「・」などで表したりと記号で文書の構造や体裁を表現できる。

OpenAI（オープンエーアイ）
人工知能の開発を行っているアメリカの企業。大規模自然言語モデルのGPTシリーズやそのモデルを使ったWebサービスのChatGPT、画像生成AIのDALL・Eなどを提供している。
→AI、ChatGPT、DALL・E、GPT、Webサービス、自然言語

PowerShell（パワーシェル）
マイクロソフトが開発したスクリプト言語のこと。コマンドを入力することで、OSの操作やWebサービスへのアクセスなどさまざまな処理を実行できる。
→Webサービス

Python（パイソン）
コンピュータープログラミング言語の一種。Webアプリケーション開発などでも使われるが、データ分析や機械学習の分野で人気がある。
→機械学習

SMS（エスエムエス）
Short Message Serviceの略。携帯電話の電話番号を宛先として利用して短いメッセージをやり取りできるサービス。

SNS（エスエヌエス）
Social Networking Serviceの略。TwitterやFacebook、Instagramなど、ユーザーが自らメッセージなどのコンテンツを投稿し、交流を楽しむサービス。

SSID（エスエスアイディー）
Wi-Fiの接続先となるアクセスポイントを識別するための情報。自宅のWi-Fiなど、接続先を間違えずに指定するために設定された文字列を指す。

Stable Diffusion（ステイブルディフュージョン）
Stability AIが提供している画像生成AIサービスのこと。自然言語で画像の要素やタッチなどを指定することでAIが自動的に画像を生成してくれる。
→AI、自然言語

Webサービス（ウェブサービス）
インターネット上で提供され、ブラウザーを使ってWebページと同じようにアクセスし、利用することができるサービスのこと。

Zero-shot（ゼロショット）
ChatGPTなどの対話型AIから目的に合った回答を引き出すための「プロンプトエンジニアリング」と呼ばれる手法のひとつ。質問時に具体例などを示さず単純に出力してほしい情報を指示するだけの方法。
→ChatGPT、回答、質問、対話型AI、プロンプトエンジニアリング

アカウント
特定のサービスを利用する権利があるかどうかを管理するための情報。通常はユーザー名やメールアドレス、パスワードを組み合わせた情報が利用される。

アテンション
日本語では「注意機構」と訳される深層学習モデルで利用される技術の一種。言語モデルの場合、文章を構成する単語間の関係を学習し、その重み付けによって単語間の結びつきの強さや全体の文脈を判断するために利用される。トランスフォーマーを構成する重要な要素のひとつで、現代の大規模言語モデルを飛躍的に進化させた要因となる技術。
→深層学習、トランスフォーマー、
大規模言語モデル

アドイン
ベースとなるソフトウェアに後から組み込むことで、機能を足したり、拡張したりできるソフトウェアのこと。たとえば、ExcelにChatGPTの機能を追加するものなどがある。
→ChatGPT

オプトアウト
事業者が提供するサービスに関して、利用者自身が能動的に意思を表示することで、サービスを停止したり、サービスの一部機能を拒否したりすること。個人情報の利用を拒否したりする場合に利用する。

回答
問いかけに対応する会話や文章のこと。ChatGPTの場合であれば、ChatGPTによる出力に相当する。
→ChatGPT

学習済みモデル
開発者が与えた情報によって、あらかじめ内部的なニューラルネットワークのパラメーター（重み付け）が調整された機械学習モデルのこと。開発者が意図した情報が出力されやすくなるようになっている。
→機械学習、ニューラルネットワーク

学習方法
機械学習において、どのような方法でモデルのパラメーターを決定するかを決める方法。人間が考えた問と正解からデータの特徴量を学習する「教師あり学習」や機械学習モデルが自らデータの特徴量を学習する「教師なし学習」などがある。
→機械学習、教師あり学習、教師なし学習、特徴量

隠れ層
人間の脳を模した深層学習モデルでは、入力層からデータを入力し、中間の複数の層を経由して、出力層へとデータが送られる。このとき、重ねられた中間の層のことを隠れ層と呼ぶ。単に中間層と呼ばれる場合もある。
→深層学習

箇条書き
情報を整理して記述するための方法のひとつ。情報を内容や意味から複数の項目に分けて、ひとつずつ個別に記述する方式。

画像認識
写真やイラストなどの画像が何を表現しているかを判断し、あらかじめ決められた方法で分類する技術のこと。

カラム
表形式のデータ構造における「列」のこと。

機械学習
人工知能のカテゴリのひとつ。人間が設定した判断基準ではなく、自ら学習することによって、自動的に情報を思考、認識、判断するための基準を設定できるシステムのこと。

機械翻訳
ある言語で記述された文章を、元の意味を損なうことなく、別の言語へと変換するシステムのこと。

季語
俳句や連歌などで用いられる季節を表す特定の言葉のこと。

強化学習
機械学習における学習方法のひとつ。学習した結果にスコアを設定することで、そのスコアを最大化するように自ら学習を重ねモデルを調整する方式。
→学習方法、機械学習

教師あり学習
機械学習における学習方法のひとつ。人間が考えた質問と回答の例を学習させることで、未知の質問に対しても学習結果を参考に人間の例と同じように回答できるようにモデルを調整する方式。
→回答、学習方法、機械学習、質問

教師なし学習
機械学習における学習方法のひとつ。与えられたデータを自ら学習することで、特徴量などの判断基準を自ら獲得し、正解を判断できるようにモデルを調整する方式。
→学習方法、機械学習、特徴量

検索サイト
インターネット上にWebページを探すためのサービスのこと。キーワードを入力することで、それに合ったWebページを一覧表示できる。

コマンドプロンプト
Windowsに搭載されているコマンド入力式操作用のインターフェース。あらかじめ定められた書式でコマンドを入力することで、OSのさまざまな機能を利用できる。

サインアップ
サービスを利用するための申請を行うこと。サービスを利用するために必要な利用許諾への同意やアカウント登録など一連の作業のこと。
→アカウント

自然言語
人間が普段会話をしたり、文章を読み書きしたりするときに利用している日常的な言語のこと。

質問
相手に対しての問いかけ。ChatGPTの場合であれば、意図した回答を引き出すための入力文章のこと。
→ChatGPT、回答

シミュレーション
一定のルールを定めた環境下で、対象の動作や反応がどのように変化するかをコンピューターの計算によって仮想的に表現するシステムのこと。

商用利用
対象物を直接販売したり、対象物を加工したり、別のものに組み込んだりして、営利的な活動に利用すること。

深層学習
人間の脳を模したニューラルネットワークを用いた機械学習の一種。ディープラーニングとも呼ばれる。多層的な階層構造のモジュールでデータを処理し、それぞれのモジュール間の関連性を表現するパラメーター（重み付け）に変換することで、コンピューター上で思考や認識、判断といった人間的な行動を実現できる。
→機械学習、ニューラルネットワーク

用語集

スクレイピング
たくさんの情報の中から、必要な情報を抽出すること。狭義には、RPAツールやPythonなどの言語を利用してWebページに掲載されている情報を自動的に抜き出すことを指す。
→Python

生成系AI
言語や画像、映像、楽曲などを生成できるシステムのこと。自然言語でリクエストすることで、それに合った出力結果を得ることができる。質問に対して言語で回答するChatGPT、詳細を述べた言語から画像を生成するDALL・Eなどがある。
→AI、ChatGPT、DALL・E、自然言語、質問、回答

大規模言語モデル
内部的なニューラルネットワークのパラメーター（確率計算を行うための係数の集合体）を大量に持つ言語モデルのこと。明確な定義はないが、数十億パラメーターを持つ言語モデルを大規模言語モデル（Large Language Model：LLM）と呼ぶ。ChatGPTのベースとなったGPT-3は1750億パラメーター（現在のGPT-3.5や最新のGPT-4はさらに多い）、GoogleのBardは5400億パラメーターとなる。
→Bard、ChatGPT、GPT-4、
ニューラルネットワーク

対話型AI
人間が会話するときと同じように自然言語を使って会話することができるAI。ChatGPTも対話型AIのひとつ。
→AI、ChatGPT、自然言語、対話型AI

逐次処理
ひとつずつ順番に処理する方法のこと。

チャット
文字を入力してリアルタイムに会話をすることができるシステムのこと。

著作権
文章や画像、楽曲など、創作者が自らの作品に対して主張できる権利のこと。作品の用途を限定したり、似通った作品の存在を許可しないように主張したりできる。

テーマカラー
ChatGPTの背景や文字色などの画面デザインを変更するための機能。「System」「Dark」「Light」を選択できる。
→ChatGPT

特徴量
対象に特有の表現を見極めるための数値的な情報のこと。対象を数値化し、そこから特定の計算をするなどして、変形・抽出された情報を指す。

トランスフォーマー
現代の生成系AIの革新的な進化をもたらした機械学習技術。アテンションと呼ばれるデータの相互関係に注目したデータを用いることで、文脈を正確にとらえることができるうえ、並列処理を可能にすることで大規模化や高速化を実現した。
→アテンション、機械学習、生成系AI

ニューラルネットワーク
深層学習で用いられる理数モデルの一種。人間の脳を模した構造で、入力データを線形変換する処理単位が多階層に、ネットワークを構成している。
→深層学習

ハードウェア
コンピューターシステムを構成する装置の総称。大規模言語モデルの進化においては、とりわけニューラルネットワークの線形的な計算を高速に実現できるGPU（グラフィックカード）の役割が大きい。
→大規模言語モデル、ニューラルネットワーク

ビッグデータ
大量かつ多様な種類で構成されたデータの集合体のこと。代表的なものにはゲノム情報、気象情報、企業活動、人間の社会活動などに関するデータなどがある。

ファインチューニング
学習済みの大規模言語モデルに、後からデータを与えて学習させることで、モデルのパラメーターの値を調整すること。単に「チューニング」とも呼ぶ。特定の分野に特化した質問に答えられるようにする際に利用される。
→大規模言語モデル、質問

フィードバック
システムの出力を評価したり、追加や修正などを加えたりすること。ChatGPTでは、出力された回答に対してフィードバックを与えることで、別の回答を引き出したり、学習に役立てたりすることができる。
→ChatGPT、回答

プロンプトエンジニアリング
ChatGPTなどの言語モデルから、意図した回答を引き出すための質問テクニックのこと。指示を明確にしたり、例を与えたり、思考の過程を明らかにするなど、さまざまな手法がある。
→ChatGPT、質問、回答

ベクトル
対象となる情報を、位置や方向などを表現できる座標値として表す方式。画像のドットを表現する際などにも用いられるが、言語モデルでは、単語を意味などさまざまな属性から数百次元の空間上のベクトルに割り当てることで計算する手法が存在する。意味の近い単語がベクトル空間の近くに配置されることなどで意味の理解などがしやすくなる。

マクロ
アプリケーションの操作を自動化するために実装されている内部プログラミング言語。ExcelなどではVisual Basicを利用してセルの操作や計算などを実行できる。

モデル容量
大規模言語モデルの性能を判断するときなどに参考にされる内部的なパラメーターの量。具体的には、ニューラルネットワークで確率計算を行うための係数の集合体の容量を指す。パラメーター量とも呼ばれ、多いほど言語表現が自然で、知識も豊富な言語モデルと言われている。
→大規模言語モデル、ニューラルネットワーク

役割設定
対話型AIが回答する際に、どのような背景、視点、知識で回答すればいいかを指定することで、目的に合った回答を導きやすくする質問テクニック。
→対話型AI、質問、回答

リジェネレート
ChatGPTが出力した回答が不正確だったり、不自然だったりしたときに、もう一度、回答を生成してもらう機能。ChatGPTは、内部的にゆらぎのパラメーターを持っており、標準で高く設定されているため、基本的に毎回回答は変化する。
→ChatGPT、回答

履歴
過去にChatGPTに質問した内容が保管されているところ。表示される件数が限られており、古いものから順番に削除される。ただし、内部的には最大30日間保存される。
→ChatGPT、質問

ログアウト
サービスの利用を停止し、現在の接続状態を終了する操作。

ログイン
サービスに対してアカウントなどの利用権を提示することで、サービスの利用許可を求める操作。
→アカウント

索引

数字・アルファベット

ア

カ

索引

本書を読み終えた方へ

できるシリーズのご案内

※1：当社調べ　※2：大手書店チェーン調べ

パソコン関連書籍

できるWindows 11 2023年 改訂2版 特別版小冊子付き

法林岳之・一ヶ谷兼乃・清水理史＆できるシリーズ編集部
定価：1,100円
（本体1,000円＋税10%）

最新アップデート「2022 Update」に完全対応。基本はもちろんエクスプローラーのタブ機能など新機能もわかる。便利なショートカットキーを解説した小冊子付き。

できるWindows11 パーフェクトブック 困った！＆便利ワザ大全 2023年 改訂2版

法林岳之・一ヶ谷兼乃・清水理史＆できるシリーズ編集部
定価：1,628円
（本体1,480円＋税10%）

基本から最新機能まですべて網羅。マイクロソフトの純正ツール「PowerToys」を使った時短ワザを収録。トラブル解決に役立つ1冊です。

できるゼロからはじめるパソコンお引っ越し　Windows 8.1/10⇒11超入門

清水理史＆できるシリーズ編集部
定価：1,738円
（本体1,580円＋税10%）

メール・写真・ブラウザのお気に入りなど、大切なデータを新しいパソコンに移行する方法を丁寧に解説！

読者アンケートにご協力ください！

https://book.impress.co.jp/books/1123101024

「できるシリーズ」では皆さまのご意見、ご感想を今後の企画に生かしていきたいと考えています。
お手数ですが以下の方法で読者アンケートにご協力ください。
ご協力いただいた方には抽選で毎月プレゼントをお送りします！

※プレゼントの内容については「CLUB Impress」のWebサイト（https://book.impress.co.jp/）をご確認ください。

1 URLを入力して Enter キーを押す

2 ［アンケートに答える］をクリック

※Webサイトのデザインやレイアウトは変更になる場合があります。

◆会員登録がお済みの方
会員IDと会員パスワードを入力して、［ログインする］をクリックする

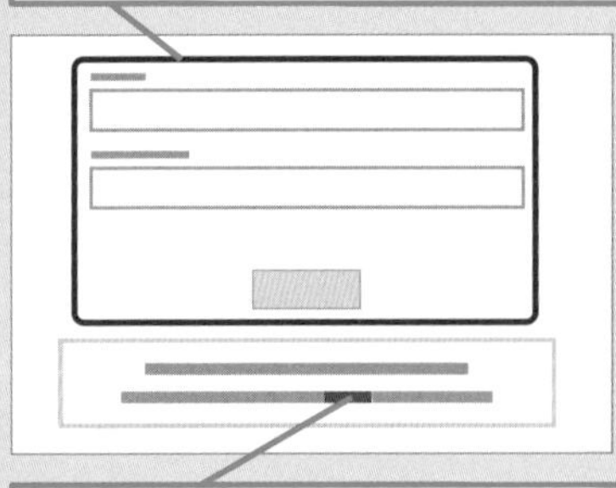

◆会員登録をされていない方
［こちら］をクリックして会員規約に同意してからメールアドレスや希望のパスワードを入力し、登録確認メールのURLをクリックする

■著者
清水理史（しみず　まさし）
1971年東京都出身のフリーライター。雑誌やWeb媒体を中心にOSやネットワーク、ブロードバンド関連の記事を数多く執筆。「INTERNET Watch」にて「イニシャルB」を連載中。主な著書に『できるWindows 11 2023年 改訂2版』『できるWindows 11 パーフェクトブック困った！& 便利ワザ大全2023年 改訂2版』『できるZoom ビデオ会議やオンライン授業、ウェビナーが使いこなせる本 最新改訂版』『できるChromebook 新しいGoogleのパソコンを使いこなす本』『できるはんこレス入門PDFと電子署名の基本が身に付く本』『できる 超快適Windows 10パソコン作業がグングンはかどる本』『できるテレワーク入門在宅勤務の基本が身に付く本』などがある。

■監修
越塚　登（こしづか　のぼる）
東京大学大学院 情報学環 教授
1966年生まれ。1994年、東京大学大学院 理学系研究科 情報科学専攻 博士課程修了、博士（理学）。東工大助手、東大助教授・准教授を経て、2009年より現職。一般社団法人データ社会推進協議会会長、一般社団法人スマートシティ社会実装コンソーシアム、JEITA Green x Digitalコンソーシアム座長、気象ビジネス推進コンソーシアム会長など、さまざまな領域の研究を主導する。コンピューターサイエンスを軸に、近年はIoTやデータ基盤、スマートシティなどの研究に取り組んでいる。

STAFF

シリーズロゴデザイン	山岡デザイン事務所<yamaoka@mail.yama.co.jp>
カバー・本文デザイン	伊藤忠インタラクティブ株式会社
カバーイラスト	こつじゆい
本文イラスト	ケン・サイトー
校正	株式会社トップスタジオ
デザイン制作室	今津幸弘<imazu@impress.co.jp>
	鈴木　薫<suzu-kao@impress.co.jp>
制作担当デスク	柏倉真理子<kasiwa-m@impress.co.jp>
デスク	荻上　徹<ogiue@impress.co.jp>
編集長	藤原泰之<fujiwara@impress.co.jp>
オリジナルコンセプト	山下憲治

■商品に関する問い合わせ先

このたびは弊社商品をご購入いただきありがとうございます。本書の内容などに関するお問い合わせは、下記のURLまたは二次元バーコードにある問い合わせフォームからお送りください。

https://book.impress.co.jp/info/

上記フォームがご利用いただけない場合のメールでの問い合わせ先

info@impress.co.jp

※お問い合わせの際は、書名、ISBN、お名前、お電話番号、メールアドレス に加えて、「該当するページ」と「具体的なご質問内容」「お使いの動作環境」を必ずご明記ください。なお、本書の範囲を超えるご質問にはお答えできないのでご了承ください。

- ●電話やFAXでのご質問には対応しておりません。また、封書でのお問い合わせは回答までに日数をいただく場合があります。あらかじめご了承ください。
- ●インプレスブックスの本書情報ページ https://book.impress.co.jp/books/1123101024 では、本書のサポート情報や正誤表・訂正情報などを提供しています。あわせてご確認ください。
- ●本書の奥付に記載されている初版発行日から3年が経過した場合、もしくは本書で紹介している製品やサービスについて提供会社によるサポートが終了した場合はご質問にお答えできない場合があります。

■落丁・乱丁本などの問い合わせ先

FAX 03-6837-5023

service@impress.co.jp

※古書店で購入された商品はお取り替えできません。

できるChatGPT（チャットジーピーティー）

2023年7月11日 初版発行

2023年9月21日 第1版第2刷発行

著 者 清水理史（しみずまさし）&（アンド）できるシリーズ編集部（へんしゅうぶ）

監 修 越塚 登（こしづか のぼる）

発行人 高橋隆志

発行所 株式会社インプレス

〒101-0051 東京都千代田区神田神保町一丁目105番地

ホームページ https://book.impress.co.jp/

印刷所 株式会社広済堂ネクスト

ISBN978-4-295-01687-8 C3055

Printed in Japan